中华传统食材丛书

总主编 魏兆军 陈寿宏

杂粮卷

主编 孙汉巨
编委 张左勇 杨曦 金缘 马钢

国家出版基金项目
NATIONAL PUBLICATION FOUNDATION

合肥工业大学出版社

图书在版编目（CIP）数据

中华传统食材丛书.杂粮卷/孙汉巨主编.—合肥：合肥工业大学出版社，2022.8
ISBN 978-7-5650-5112-8

Ⅰ.①中… Ⅱ.①孙… Ⅲ.①烹饪—原料—介绍—中国 Ⅳ.①TS972.111

中国版本图书馆CIP数据核字（2022）第157746号

中华传统食材丛书·杂粮卷
ZHONGHUA CHUANTONG SHICAI CONGSHU ZALIANG JUAN

孙汉巨　主编

项目负责人	王　磊　陆向军
责任编辑	汪　钵
责任印制	程玉平　张　芹
出　　版	合肥工业大学出版社
地　　址	（230009）合肥市屯溪路193号
网　　址	www.hfutpress.com.cn
电　　话	理工图书出版中心：0551-62903004 营销与储运管理中心：0551-62903198
开　　本	710毫米×1010毫米　1/16
印　　张	11.5　**字　数**　160千字
版　　次	2022年8月第1版
印　　次	2022年8月第1次印刷
印　　刷	安徽联众印刷有限公司
发　　行	全国新华书店
书　　号	ISBN 978-7-5650-5112-8
定　　价	99.00元

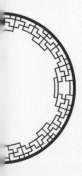

总序

健康是促进人类全面发展的必然要求，《“健康中国2030”规划纲要》中提出，实现国民健康长寿，是国家富强、民族振兴的重要标志，也是全国各族人民的共同愿望。世界卫生组织（WHO）评估表明膳食营养因素对健康的作用大于医疗因素。“民以食为天”，当前，为了满足人民日益增长的美好生活的需求，对食品的美味、营养、健康、方便提出了更高的要求。

中国传统饮食文化博大精深。从上古时期的充饥果腹，到如今的五味调和；从简单的填塞入口，到复杂的品味尝鲜；从简陋的捧土为皿，到精美的餐具食器；从烟火街巷的夜市小吃，到钟鸣鼎食的珍馐奇馔；从“下火上水即为烹饪”，到“拌、腌、卤、炒、熘、烧、焖、蒸、烤、煎、炸、炖、煮、煲、烩”十五种技法以及“鲁、川、粤、徽、浙、闽、苏、湘”八大菜系的选材、配方和技艺，在浩渺的时空中穿梭、演变、再生，形成了绵长而丰富的中华传统饮食文化。中华传统食品既要传承又要创新，在传承的基础上创新，在创新的基础上发展，实现未来食品的多元化和可持续发展。

中华传统饮食文化体现了“大食物观”的核心——食材多元化，肉、蛋、禽、奶、鱼、菜、果、菌、茶等是食物；酒也是食物。中国人讲究“靠山吃山、靠海吃海”，这不仅是一种因地制宜的变通，更是顺应自然的中国式生存之道。中华大地幅员辽阔、地大物博，拥有世界上最多样的地理环境，高原、山林、湖泊、海岸，这种巨大的地理跨度形成了丰富的物种库，潜在食物资源位居世界前列。

“中华传统食材丛书”定位科普性，注重中华传统食材的科学性和文化性。丛书共分为30卷，分别为《药食同源卷》《主粮卷》《杂粮卷》《油脂卷》《蔬菜卷》《野菜卷（上册）》《野菜卷（下册）》《瓜茄卷》《豆荚芽菜卷》《籽实卷》《热带水果卷》《温寒带水果卷》《野果卷》《干坚果卷》《菌藻卷》《参草卷》《滋补卷》《花卉卷》《蛋乳卷》《海洋鱼卷》《淡水鱼卷》《虾蟹卷》《软体动物卷》《昆虫卷》《家禽卷》《家畜卷》《茶叶卷》《酒品卷》《调味品卷》《传统食品添加剂卷》。丛书共收录了食材类目944种，历代食材相关诗歌、谚语、民谣900多首，传说故事或延伸阅读900余则，相关图片近3000幅。丛书的编者团队汇聚了来自食品科学、营养学、中药学、动物学、植物学、农学、文学等多个学科的学者专家。每种食材从物种本源、营养及成分、食材功能、烹饪与加工、食用注意、传说故事或延伸阅读等诸多方面进行介绍。编者团队耗时多年，参阅大量经、史、医书、药典、农书、文学作品等，记录了大量尚未见经传、流散于民间的诗歌、谚语、歌谣、楹联、传说故事等。丛书在文献资料整理、文化创作等方面具有高度的创新性、思想性和学术性，并具有重要的社会价值、文化价值、科学价值和出版价值。

对中华传统食材的传承和创新是该丛书的重要特点。一方面，丛书对中国传统食材及文化进行了系统、全面、细致的收集、总结和宣传；另一方面，在传承的基础上，注重食材的营养、加工等方面的科学知识的宣传。相信“中华传统食材丛书”的出版发行，将对实现“健康中国”的战略目标具有重要的推动作用；为实现“大食物观”的多元化食材和扩展食物来源提供参考；同时，也必将进一步坚定中华民族的文化自信，推动社会主义文化的繁荣兴盛。

人间烟火气，最抚凡人心。开卷有益，让米面粮油、畜禽肉蛋、陆海水产、蔬菜瓜果、花卉菌藻携豆乳、茶酒醋调等中华传统食材一起来保障人民的健康！

中国工程院院士

2022年8月

序

在我国，杂粮作物的种植历史悠久，种类丰富，杂粮作物一般具有生育周期短、区域性强和栽培技术特殊等特征。说到杂粮，我们通常会将其与五谷相联系，习惯将这些粮食作物称为“五谷杂粮”。“五谷杂粮”这一说法有相当久远的历史，早在2000多年前，《黄帝内经》一书就提出了“五谷为养，五果为助，五畜为益，五菜为充”的饮食思想，其中五谷之首便为杂粮，足以说明杂粮在膳食中具有的重要地位。我们现在所说的“五谷杂粮”其实是个大家庭，通常人们认为稻米和小麦是细粮，杂粮就是指除此以外的其他粮食。粮食结构在历史进程中不断演变，20世纪90年代以前，我国大米、小麦等人均产量不足，南方饮食以大米加红薯、苦荞麦等杂粮为主，北方以小麦加小米等杂粮为主。而进入21世纪以来，南方饮食则以精大米为主，北方以精细面粉为主，饮食结构发生了极大的变化。因此，除稻米、小麦之外的粮食都可称之为杂粮。

杂粮的营养价值普遍高于日常人们食用的小麦及大米，其营养成分的具体含量又根据种类、品种的不同而有所差异。合理搭配杂粮饮食可以均衡人体的日常营养。杂粮中富含的功能性成分对于改善膳食结构、维持人体健康具有重要意义。我国古代有很多关于杂粮食用的记载，如粟“浸水至败者，损人”，“以陈粟米炊饭，食之，良”；苦荞麦“其味苦恶，农家磨捣为粉，蒸使气馏，滴去黄汁，乃可作为糕饵食之”等。从中我们可以看出，不同的处理方式对杂粮的品质及对人体健康影响很大。因此，合理食用杂粮，方可纠正膳食结构失衡引起的机体健康问题。

本书根据禾本科、藜科、蓼科、豆科、天南星科、旋花科、大戟科、菊科等对杂粮条目进行分类，基本包含全国各地区的杂粮品种。在行文体例上，对28种杂粮的物种本源、营养及成分、食材功能、烹饪与加工以及食用注意等相关内容进行具体阐述，适当配以图片，旨在为读者普及杂粮的相关知识，以便于读者更好地了解日常生活中所食用的杂粮类食材的营养价值和烹饪方法，为选择食用杂粮提供借鉴。

本书所介绍的杂粮特指人工栽培的食材。

张左勇、杨曦、金缘、马钢等研究生参与了本卷的编写工作并提供了部分精美图片；江南大学朱科学教授审阅了本书，并提出了宝贵的修改意见，在此一并致谢。本卷内容仅为了普及杂粮食材的相关知识，如有疏漏和不足之处，敬请广大读者批评指正！

孙汉巨

2022年3月

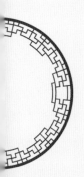

目录

黑米

玉女何年驾紫鸦，水盂传是洗头盆。
丹馀黑米纷无数，留得仙粮与白猿。

——《从阳曲呈邑大令（其十四）》
（清）屈大均

一、物种本源

拉丁文名称，种属名

黑米属于籼米或粳米类，为禾本科、稻属植物稻（*Oryza sativa* L.）的种仁。黑米是一种药食两用的大米，具有“贡米”“药米”“长寿米”“补血米”“世界米中之王”和“黑珍珠”之称。

形态特征

黑米稻所得稻谷脱去谷壳制成黑米，呈现出黑褐色或者黑色；种类有籼、粳两种，粒质又分糯性和非糯性两种。黑米外表乌黑有光泽，比普通大米略扁，香味独特。

习性，生长环境

黑米稻是感温性品种，早育可多蘖壮秧。

黑米稻是我国古老而名贵的水稻品种之一，具有悠久的种植历史，

黑米稻植株

相传在2000多年前由西汉时博望侯张骞在陕西洋县发现。我国黑米稻资源丰富，有300多种，占全世界资源的61.6%。在我国，黑米稻主要在云南、贵州、广东、广西、湖南和陕西等地种植，在长期栽培过程中形成了云南景谷紫米、贵州惠水黑糯米、广西东兰墨米和湖南湘西南黑糯等许多珍贵品种。

二、营养及成分

黑米中含有丰富的维生素、脂肪、蛋白质，还有粗纤维、矿物质和花青素等营养及功能成分，其中氨基酸种类齐全，比例搭配合理。黑米中含有普通大米缺乏的胡萝卜素，且含量丰富，维生素D和维生素E含量也远远高于普通大米。黑米米糠的蛋白质、矿物元素、维生素和粗纤维等营养成分均明显高于普通大米米糠。

三、食材功能

性味 味甘，性平。

归经 归肾、心、肝、脾、胃经。

功能

（1）降血脂。有报道称，常食黑米可以达到降低血脂水平的功效，并可预防心脑血管疾病。黑米皮中含有花色苷，它可以通过减少胆固醇的合成或者加快机体的代谢速度来达到降低血脂的目的。

（2）抗氧化。黑米皮中的花色苷具有很强的抗氧化性。研究结果表明，给予高脂血症大鼠不同剂量的黑米皮提取物可以降低血脂水平，改善机体的氧化应激状态。

（3）抗炎。据报道，给冠心病患者膳食补充黑米皮，干预6个月后，发现可以显著降低患者血浆中可溶性血管细胞黏附因子、可溶性CD40（与T细胞和B细胞功能有关的一种表面抗原）配体和高敏C反应蛋白等炎症因子的水平。其还通过对毛细血管通透性的调节来达到抗炎的效果。

（4）其他功能。黑米具有抗糖尿病功能。黑米中的膳食纤维可以减慢机体对淀粉的消化吸收，并通过增强消化酶的活动，刺激消化和分泌大量含有胆汁酸的胆汁，进而减少食物在肠道内的中转时间。除此之外，黑米中的钾、镁等矿物质还可以控制血压以及降低患心脑血管疾病的风险，所以患有心脑血管疾病和糖尿病的人群可经常食用黑米来作为膳食调养的一部分。值得一提的是，黑米中富含天然色素——花青素，对过氧化氢有清除作用，还能够清除羟基自由基及超氧阴离子自由基。

四、烹饪与加工

黑米粥

（1）材料：黑米、糯米、红糖、红枣等。

（2）做法：煮粥前，将黑米、糯米预先浸泡一下，让其充分吸收水分，较快地变软。然后加入红枣，用高压锅烹煮，20分钟左右即可食用，可加入红糖调味。

黑米粥

黑米复合饮料

选用黑米并搭配其他具有高营养价值的不同原材料，采用超微粉碎和喷雾干燥等技术，按照食物营养互补的原则，可以开发出黑米红枣复合饮料、黑米蓝莓果醋复合饮料、黑米玉米枸杞复合饮料、黑米黑豆黑芝麻复合饮料等产品。

黑米酒及黑米饮料

采用酶解和微生物发酵等生物技术，将黑米中的淀粉降解为单糖、乳酸和酒精，可以制成系列酒精饮料和非酒精饮料。目前，市面上已有的产品有黑米酒、黑米黄酒、黑米醋、黑米啤酒、黑米乳酸饮料等。

黑米糊类和糕点食品

目前，以黑米为原料，采用挤压膨化及粉碎等工艺生产的产品主要有速食糊类、粉类、羹类和糕点类等食品。速食黑米糊以黑米为主要原料，掺入黑豆、绿豆、荞麦、薏米等，经膨化、粉碎后配熟化花生、芝麻、红枣、枸杞、核桃仁、砂糖、奶粉、营养强化剂、天然香料及抗氧化剂等精制而成。黑米糕点主要是将黑米膨化、粉碎后，与精制面粉搭配，经发酵、焙烤而成，包括黑米面包、黑米饼干、黑米锅巴、黑米墨子酥、黑米酥糖等。

五、食用注意

（1）黑米米粒外部有一层坚韧的种皮，不易煮烂，故应先将黑米浸泡变软后再煮。

（2）病后消化能力弱的人不宜吃黑米。

（3）黑米粥若不煮烂，不仅大多数主要营养素不能溶出，而且多食后易引起急性肠胃炎，因此，消化不良的人不宜吃未煮烂的黑米。

（4）中医认为黑米性平、味甘，火盛热燥者不宜食用。

（5）由于黑米所含营养及功能成分多聚集在黑色皮层，故不宜精加工，以食用糙米为宜。

（6）黑米中铜元素含量较高，故不适合肝豆状核变性患者及高铜患者食用。

（7）服用四环素类药物者禁食黑米。若服用四环素类药物时食用黑米，黑米中富含的金属离子会和药物形成不溶性螯合物，影响人体对四环素类药物的吸收，从而降低药物的疗效。

传说故事

黑米的来历

传说黑米是由西汉时著名外交家博望侯张骞发现并培育的。

青年时期的张骞，勤奋好学，渴望有朝一日能够出人头地。一天，他在家乡汉中渭水河畔的柳树林中读书，时间久了感到困倦，便依柳入梦。梦中，他来到了天上的斗牛宫，见到了文曲星，就询问自己前程如何。文曲星告诉他："汝见黑米之日，即发迹之时也。"

后来，张骞除刻苦读书之外，一有时间就到田野中寻找黑米。历时三年，张骞终于找到了一株灰色稻穗，剥开稻壳一看，竟然真是黑米。张骞激动万分，对天拜谢。

也正是在这一年，汉武帝想要消除北方匈奴的威胁，打算和西域诸邦建立友好合作的关系。张骞在关键时刻出仕，奉汉武帝之命出使西域，开拓了举世闻名的"丝绸之路"，促进了汉与西域之间的文化交融。他所发现的黑米稻，也在故乡推广开来。

千百年来，黑米不仅是滋补佳品，也是民间传说中有人要出人头地、担当重任的征兆。

红米

莫笑船家生事微，新红米饭缘蓑衣。
一声欸和一声乃，谁识人间有是非。

——《听航船歌十首（其一）》
（元）方回

一、物种本源

拉丁文名称，种属名

红米为禾本科、稻属植物稻（*Oryza sativa* L.）的种仁。红米稻无芒或短芒，谷壳颜色黄色或褐色。

形态特征

因种皮呈棕红色，被称为红米。红米成熟以后种皮才会变红，其中的色素叫浓缩单宁酸，是一种天然色素，对人体无害。

习性，生长环境

红米起源于我国，距今已有1000多年的栽培及膳食历史。我国的劳动人民在长期的生产活动中培育出了丰富的红米品种，主要产地有贵州盘州、陕西洋县、广西象州、福建福鼎、江西井冈山、云南元阳、湖北房县、湖南新晃等。其中，盘州红米、洋县红米、象州红米、井冈红米、新晃侗藏红米和房县冷水红米为我国的特色红米。

以盘州为例，盘州降水丰沛，冬无严寒，夏无酷暑，年均气温15.2℃，土壤以黄壤、黄棕壤、沙土为主，富含矿物质元素，不仅能更好地促进红米生长，而且提高了红米中单宁酸、锌的含量。

二、营养及成分

红米中约含水分12.1%、蛋白质11.1%、脂肪2.4%、灰分1.4%、膳食纤维1.6%，其蛋白质、脂肪、灰分、膳食纤维含量均高于普通大米。红米中不仅含有丰富的蛋白质、氨基酸、植物脂肪、纤维素、维生素，还含有许多特殊营养成分，如有机锗等。红米中的铁、锰、锌、磷、硫等元素的含量显著高于白米，其中锌、铜、铁、硒、钙、锰等元素的含量比白米高0.5~3倍。

三、食材功能

性味 味甘，性温。

归经 归肝、脾、大肠经。

功能

（1）补充矿物质元素。众所周知，人体对矿物元素有一定量的需求，如硒对人体是一种有益元素，具有抗衰老、保护肝脏和造血系统等多项功能；锌可以促进儿童的智力发育；钙对增进儿童发育、提高老年人抗衰老能力、防治骨质疏松症等具有明显效果。而红米中的矿物质含量丰富，因此具有较高的食疗价值，极适合孕妇、儿童和老年人食用，对促进人体营养素平衡，提高身体素质有特别重要的意义。

（2）其他作用。红米具有升高血浆高密度脂蛋白胆固醇，提高机体抗氧化能力的作用，对防治强直性脊柱炎和其他慢性病也具有重要意义。

21世纪以来，动物实验和临床试验初步证明，红米及其他一些特种稻米具有清除自由基、延缓衰老、改善缺铁性贫血、抗应激反应以及免疫调节等多种生理功能，对老年补钙，儿童增高、长智有益，且具有强筋壮骨、补血养颜的功效。

四、烹饪与加工

虾仁芝士焗饭

（1）材料：白酱（橄榄油、面粉、鲜奶油、糖、鸡精等）、盐、红米饭、虾仁、红辣椒、青辣椒、鸡精、意大利综合香料、马苏里拉芝士等。

（2）做法：首先制作白酱。在锅中放入橄榄油，将油烧至温热后放

虾仁芝士焗饭

入面粉翻炒均匀，炒至面粉吸收油脂变色即可。加入水，转小火，用手动打蛋器或木勺画圈拌至面粉粒溶于水中，加入调味料拌匀，煮沸后关火，最后加入鲜奶油拌匀即可。放凉后白酱变浓稠即完成白酱的制作。锅内倒入橄榄油，烧热后放入虾仁翻炒，放入红辣椒、青辣椒和意大利综合香料，翻炒片刻后放入红米饭翻炒均匀，再加入盐和鸡精拌匀。将炒好的饭装入碗中，铺上一层白酱，白酱的用量可以根据个人喜好调节。最后再铺上马苏里拉芝士。烤箱预热，烤10～15分钟，至表面的芝士融化且表面有少许焦脆即可。

红米糕

（1）材料：红米、鸡蛋、食用油、白糖等。

（2）做法：将红米提前泡3个小时，然后洗净沥干，放入料理机中研磨成粉。将红米粉放入碗中，加入食用油和蛋黄，拌匀成红米糊。蛋白分3次加入白糖中并打发至湿性发泡。取1/3的蛋白糊加入红米糊中，上下翻拌均匀。再将翻拌好的糊倒回到剩余的蛋白糊中，同样上下翻拌成均匀的面糊。在蒸笼上铺张纱布，将面糊倒在上面抹平，水开后中火蒸10分钟左右即可。

红米饮料

对红米进行粉碎、过筛、酶解、磨浆、均质等一系列处理后，得到淡红色的红米饮料，质地均匀无分层，口感良好。

红米高钙营养饼干

将红米粉、骨泥粉、糖粉、棕榈油、面粉、奶粉、果葡糖浆、碳酸氢铵、水等原辅料混合成形后烘烤，制得红米高钙营养饼干，具有养肝、养颜、泽肤、补血等功效，是适合幼儿、老人、孕妇、骨折病人的补钙食品。

五、食用注意

红米不容易被消化，因此消化不良、肠胃功能紊乱的人群，以及老年人群尽量少食用红米饭。

传说故事

仙女乳血育嘉禾

传说在很久以前，神农氏有个曾孙女，从远方来到了七星岩（位于今广东省肇庆市），住在辟支岩畔。她把神农氏的稻种分给附近的村民种植。种子好，所以禾苗壮，禾田抽穗扬花了。谁料过了几天，禾苗就渐渐枯死了。神农氏的曾孙女原是种稻的能手，这时也弄不清是什么原因。大家也只好叹息着，把禾秆割下，堆放在辟支岩边。到了第二年，仍然是禾穗未灌浆，禾苗便逐渐干死了。人们的生活越来越困难了。

第三年，新种的禾苗又快抽穗了。人们在辟支岩边搭起彩楼，唱起歌谣祈求丰收。那时，神农氏的曾孙女刚分娩不久，她躺在床上，彻夜难眠。

她背着未满月的孩子走到田间。眼见禾苗又要枯死，她心似火烧，慌忙蹲在田边，拨弄禾穗，仔细观察，直到孩子饿得哇哇大哭，她才急忙给孩子吃奶。一滴乳汁偶然掉下，稻田里顿时出现了奇迹：眼前的禾穗立即灌了浆。

神农氏的曾孙女高兴极了，放下孩子，把乳汁遍洒田间。乳汁将尽，渗出血水，她仍然不断地挤出带血水的乳汁，继续洒向田间。禾苗从此抽穗扬花，结出白米、红米的稻穗，村民们得救了。她却因此化成了一座石像，千百年来一直静静地伫立在美丽的湖中……

米皮糠

听歌桂席阑，下马槐烟里。
豪门腐粱肉，穷巷思糠秕。
孤灯照独吟，半壁秋花死。
迟明亦如晦，鸡唱徒为尔。

——《秋夕贫居》
（唐）黄滔

一、物种本源

拉丁文名称，种属名

米皮糠为禾本科、稻属植物稻（*Oryza sativa* L.）的颖果经加工而脱下的米皮和胚芽的混合物，又名舂杵头细糠、谷白皮、细糠、杵头糠、米秕、米糠等。

形态特征

米皮糠呈破块状，大小不一，完整者呈长椭圆形或披针形，长5~9毫米，宽1~2毫米，表面呈黄色或灰黄色，具有数条纵向细棱。

习性，生长环境

水稻喜高温、多湿、短日照，对土壤要求不严。稻是亚洲热带广泛种植的重要谷物，我国南方为主要产稻区，北方各省均有栽培。

二、营养及成分

米皮糠中含有纤维素、维生素B_1、维生素B_2、维生素B_{16}、维生素E、甘油酯、游离脂肪酸、角鲨烯、阿魏酸、甾醇、高级脂肪醇、脂蛋白、胆碱以及多种矿物元素等。

三、食材功能

性味 味甘，微苦，性平。

归经 归胃、大肠经。

功能

（1）米皮糠有补肾健脑、养血润燥的功能，对妇女妊娠浮肿、脾虚腹泻、脚气病、骨髓炎、身体超重、慢性肠炎、自汗盗汗等症的食疗效果好。

（2）米皮糠中含有大量的维生素和微量元素，具有良好的保健、防病和治病的作用。米皮糠中所含有的B族维生素、柠檬酸等成分，不仅能有助人体从食物中吸收钙，还具有抗衰老的作用。

（3）米皮糠中含有丰富的脂蛋白、磷脂、角鲨烯和醇类化合物，这些物质能给大脑补充营养，提高脑细胞活性，促进脑神经发育。经常食用米皮糠能健脑益智，预防记忆力下降。中老年人群适量食用一些米皮糠，能缓解失眠、健忘，还能预防阿尔茨海默病的发生。

（4）米皮糠中含有的维生素E、甘油三酯以及游离脂肪酸等营养物质都能直接作用于人体的皮肤，起到滋养肌肤、增加皮肤弹性、使肌肤变得细嫩、延缓皮肤衰老、美容养颜、减少皱纹和色斑生成的功效。

四、烹饪与加工

米糠油

米皮糠经过加工提炼出来的米糠油，是一种对人体健康极为有益的植物油。常用的米糠油加工方式有榨油机压榨法和浸出设备浸出法。

米糠油

红豆米糠粥

（1）材料：红豆、粳米、米皮糠粉等适量。

（2）做法：将红豆、粳米淘洗后放入锅内，多加一些水，煮至八成熟后，关火稍凉，将米皮糠粉与凉开水混合后倒入锅中并搅拌均匀。开小火继续炖煮，时间可依口味适当调整。

五、食用注意

（1）食用米皮糠要注意适量，一次吃多少米皮糠要根据一次吃多少精米来决定，即吃多少精米，就要吃多少这些精米所带的米皮糠，这样才能达到与吃糙米同样的效果。

（2）米皮糠营养丰富，但也不应过多食用，否则会造成肚子不舒服，如腹胀等现象。

（3）食用的米皮糠以新鲜为佳，因其放置时间超过一周就会被氧化。另外，炒制时火不宜太大，时间不宜太长，只需闻到香味即可。

传说故事

米皮糠与风水

一位风水大师走了很远的路，口干舌燥，当他看见一家庄园时，急忙去讨水喝。里面走出一位仆人，让他在门外等候。

大师等了很久很久，不禁心生抱怨。终于仆人拿来了水，用大碗盛着。风水大师正准备大口喝，却发现水非常烫，而且上面竟然撒了很多米皮糠！这位风水大师不禁由怨生恨，心想这是故意折磨人啊！但因口渴得厉害，他只好忍气吞声，边吹散米皮糠，边吹冷开水。一点一点喝完水后，大师就想惩罚一下这家人，于是，做法将这户人家的好风水调成了不好的。

过了若干年，这位风水大师又路过此庄园。万万没想到，这里花红柳绿，欣欣向荣，一片吉祥。风水大师实在困惑，于是求见主人，并告知当年喝水生怨转风水的事情。

主人是一位老太太，听了之后微笑着说："这一带方圆十几里很少有人家，你一定走了很长的路，如果马上喝水，会对你身体有害。让你等会儿，是让你安静平息下来。冷水伤身，因此烧好开水，加上米皮糠，一方面是米皮糠养胃，另一方面是怕你喝得太急。"

大师听后十分羞愧：原来，比风水更重要的是"善"。

菰米

昆明池水汉时功，武帝旌旗在眼中。
织女机丝虚夜月，石鲸鳞甲动秋风。
波漂菰米沉云黑，露冷莲房坠粉红。
关塞极天唯鸟道，江湖满地一渔翁。

——《秋兴八首（其七）》
（唐）杜甫

一、物种本源

拉丁文名称，种属名

菰米为禾本科、菰属多年生草本水生植物菰［*Zizania latifolia*（Griseb.）Stapf］的颖果，又名雕胡等。

形态特征

秆粗壮、直立高大、多节。颖果为墨绿色或浅棕色，长10毫米左右。菰的果实由颖（谷壳）与颖果组成。菰的谷壳由外颖和内颖相互钩合，包裹颖果。谷壳呈淡褐色、淡灰色，纵向呈多条浅的脉纹。脱壳后的颖果即为菰米。

习性，生长环境

菰作为挺水植物，常生于水深1.0～1.5米地带的水边、沼泽、湿地；喜富含腐殖的土壤；每年9月抽穗。

菰米的食用历史可追溯到3000多年前的周朝，并作为供帝王食用的六谷之一。到了宋代，菰米食用渐少，多用于饥岁充饥，也很少被人工栽种食用。菰广泛分布于东北、华北、华中、华南、西南等地区。如今菰米已少被人作为粮食食用。

二、营养及成分

每100克菰米主要营养成分见下表所列。

总淀粉	65.5克
蛋白质	13.2克

总膳食纤维	7.2克
花色苷	2.4克
总黄酮	0.4克
总皂苷	0.3克
铁	2.7毫克
锌	1.6毫克
维生素B_1	0.6毫克
维生素E	0.3毫克
维生素B_2	0.1毫克

三、食材功能

性味 味甘、微苦，性微凉。

归经 归肝、脾经。

功能

（1）抗氧化损伤。菰米中含有丰富的黄酮、花色苷、皂苷和植物甾醇等抗氧化物质，可有效清除体内自由基，维持体内抗氧化体系的平衡稳态，调节脂质代谢水平，抑制因游离脂肪酸过多引起的细胞氧化损伤。另外，菰米还含有维生素E、微量元素（如硒、铜）等，这些物质参与了非酶促及酶促体系的抗氧化过程。

（2）改善脂质毒性。菰米脂质中富含不饱和脂肪酸（主要是亚油酸和亚麻酸），可以减轻肝脏脂质的蓄积。此外，皂苷可降低血脂和增强机体的抗氧化能力。

（3）控制体重、预防肥胖。菰米中含有较高水平的抗性淀粉和膳食纤维，通过增加肠道激素的分泌可以增加饱腹感、减少食欲、控制体重。其中富含的可溶性膳食纤维可以增加食物在肠道内的停留时间，产生短链脂肪酸，延缓胃排空，减缓肠道对脂肪的吸收。菰米中所含的不溶性膳食纤维可以促进粪便软化，促进排便和减脂。

（4）预防心血管疾病。菰米含有较多的抗性淀粉和膳食纤维，具有降低胆固醇、调节血脂的功效，可降低冠心病、动脉粥样硬化等心血管疾病的发病率。

四、烹饪与加工

菰米饭

菰米可以单独蒸煮成米饭（粥）或与大米一起蒸煮成米饭（粥）食用。

菰米饭

菰米即食粉

采用挤压膨化和超微粉碎等技术，菰米可与燕麦仁、黑米、荞麦、红米、花生仁、黑芝麻、莲子、山药、葛根、枸杞、芡实、红枣、胡萝卜、番茄、紫山芋等互配混食。

莜米面（挂面）

将莜米及山药、葛根、番茄、胡萝卜、紫甘蓝、紫山芋、麦绿素、荷叶、桑叶等药食同源原料，经过粗粉碎、挤压膨化后，再进行超微粉碎及混合，并用杂粮面条机加工成混配型莜米面（挂面）。

五、食用注意

（1）烹煮莜米时需提前浸泡。

（2）淘洗莜米时不可用力搓揉，以免营养素流失。

传说故事

李世民与菰米

相传，唐太宗李世民钟爱菰米，若一日无菰米，则食百菜无滋味，甚至夜难入眠。

那时，有一个有3000年道行的水怪，叫水母娘娘，常以肆虐百姓为乐。她从东海龙宫偷来了法宝“水皮囊”，这个水皮囊只要口对准哪里，哪里就会成为一片汪洋。这回，水母娘娘捏着囊口对准了钱塘（今杭州）、秀州（今嘉兴）、湖州、苏州、常州，对准了扬州属辖下的五县，对准了山东六府，结果这些地方全遭了殃。当时有“浪打人头难计数，猪马牛羊浮成行”的说法。千亩良田也被洪水无情地摧毁，颗粒无收。一时间，人间哀鸿遍野。

看到水母娘娘如此肆虐百姓，涂炭生灵，身为一朝百姓之主的李世民不能坐视不管。他命大将秦叔保、尉迟恭二人，用捆仙索将浮在水面的水皮囊囊口扎紧，再送归东海。可是秦叔保与尉迟恭看到人间惨状，一气之下竟用钢枪对准水皮囊连戳五枪。戳出来的五个窟窿，对着东海冲出五条沙河。

水皮囊被毁，彻底激怒了水母娘娘，她决心报复李世民。她深知李世民嗜菰米如命，决定要让他没菰米可吃。于是就用肉骨头骗来二郎神的哮天犬，趁哮天犬津津有味地啃肉骨头时，用利器刺破哮天犬的屁股，将取来的狗血洒向茭草。从此茭草只长茭白，不结菰米。

大麦

老翁老尚健，打麦持作饭。
终岁陇亩间，劳苦孰敢怨。
人生为农最可愿，得饱正如持左券。
碓舂樵爨小甑香，岂不胜汝耗太仓。

——《禽言四首（其三）》
（宋）陆游

一、物种本源

拉丁文名称，种属名

大麦（*Hordeum vulgare* L.）为一年或越年生禾本科、大麦属植物，又名倮麦、饭麦、牟麦、卓麦、赤膊麦等。大麦是有稃大麦和裸大麦（在我国西藏、青海等地常被称作“青稞”）的总称，本条目介绍的为有稃大麦。

形态特征

大麦茎秆粗壮，直立，光滑无毛。叶鞘松弛抱茎，叶舌膜质，叶长线形。穗状花序，小穗稠密。成熟时，果皮分泌的黏性物可将内外稃紧密地黏在颖果上，以颗粒饱满完整、色泽黄褐有光泽、有淡淡坚果香味者为佳。

大　麦

习性，生长环境

大麦是我国主要的农作物之一。青藏高原是大麦的发源地之一，西北黄河流域、西南高原地区是广泛栽培地区，大麦的种植历史已有5000多年。

二、营养及成分

大麦仁具有高蛋白、高膳食纤维、高维生素、低脂肪、低糖的特点。每100克大麦仁主要营养成分见下表所列。

碳水化合物	73.3克
蛋白质	10.2克
粗纤维	9.9克
脂肪	1.4克
磷	381毫克
钙	66毫克
铁	6.4毫克
维生素B_3	3.9毫克
维生素B_1	0.4毫克
维生素B_2	0.1毫克

三、食材功能

性味　味甘、咸，性凉。

归经　归肠、胃、肾、膀胱经。

功能

（1）大麦有益于脾胃虚弱、少食腹泻、烦热口渴、内热消渴、小便不利、淋涩作痛、水肿、水火烫伤的康复与食疗。

（2）大麦仁是一种低钠、低脂的健康食材，能有效降低人体胆固醇的含量。

（3）大麦芽含有淀粉酶，可使淀粉分解成麦芽糖与糊精，有助于人体消化吸收。另外，麦芽煎剂对胃酸与胃蛋白酶的分泌有促进作用。

（4）口服大麦芽浸剂可使人的血糖浓度降低，能让人体饭后血糖浓度不会升高得太快，还有益于糖尿病患者的血糖控制。

（5）大麦苗富含麦绿素，对预防糖尿病、胃溃疡、胰腺炎、过敏症有显著的功效。大麦仁中含尿囊素，能促进化脓性创伤及顽固性溃疡的愈合，可用于慢性骨髓炎和胃溃疡的治疗。

四、烹饪与加工

由大麦仁磨成的大麦粉可用来制作饼、馍。由大麦仁磨成的粗粉粒称为大麦糁子，可用来制作粥、饭。藏族人民把裸大麦炒熟磨粉，做成糌粑食用。成熟的大麦颖果经发芽生成的麦芽，是酿造啤酒的主要原料。

大麦粉及产品

将大麦仁进行蒸汽处理后再磨成粉，并添加维生素和矿物质，可制成婴儿方便食品和特种食品。模仿小麦食品加工与制作工艺，人们已经发展出了面包、饼干、蛋糕、挂面等大麦系列食品。

大麦片

将大麦仁加水、蒸烘、压片、烘干，添加各种蔬菜汁、叶片、水果碎粒调味，最后制作成一种营养均衡的即食早餐食品。在麦片中添加钙、锌等成分，还可制成营养强化食品。

大麦茶

大麦饮料

将大麦焙烤后可制成大麦茶或咖啡的替代品，这种产品冲泡后呈褐色，有浓郁的香味。生产过程中可添加各种果蔬汁，制成多种香味的乳酸发酵大麦饮料或低酒精度的大麦发酵饮料。

五、食用注意

时过立秋则不宜再饮用焦大麦茶，否则会导致胃寒、腹胀。

传说故事

乾隆与丹阳大麦粥

丹阳，是江苏镇江境内一座历史悠久的古城。一般人只知道丹阳的南朝石刻与黄酒，只有熟悉它的人才知道，这里还有一种看似普通却不寻常的食物——大麦粥。只要你尝过，就无法忘记那黄澄澄的大麦粥带给你的无尽回味。

说起这大麦粥的不寻常，历史上还有一段典故。著名的京杭大运河穿丹阳城而过，因此这里早年的水运颇为发达。当年乾隆下江南时，带着文武百官和后宫嫔妃，乘着龙船浩浩荡荡，沿着京杭大运河南巡。一路经过的各大小州县，各级官员无不拿出当地最奢华的美味佳肴来迎驾，生怕有半点怠慢。

船队一路顺风顺水，来到了丹阳境内，这可急坏了这里的县太爷。因为当地贫困，县太爷苦思冥想也想不出拿什么好饭好菜来招待皇帝一行。实在没有办法，他灵机一动，派人烧了一大锅当地百姓家中的主食——大麦粥，希望能给皇帝尝个新鲜。没想到，乾隆一尝，果真龙颜大悦，因此粥麦香浓浓，十分可口，皇帝下令赏赐百官，并破例在这个江南小城多停留三日。

吃惯了山珍海味的乾隆皇帝，偶尔尝到这样清香爽口的大麦粥，当然是惊为天物。但如果连续三天，顿顿都以此为食，乾隆可就受不了了。到了第二日，一行人等就已是饥肠辘辘，只是皇帝金口玉言，要在此地停留三日，总不能出尔反尔。于是，乾隆与嫔妃、大臣们只能连喝了三天的大麦粥。临走，乾隆颇为感慨地说出一句话：“丹阳人天天喝大麦粥，命可真苦啊!”这句话后来传到民间，传来传去，竟成了——丹阳人都是喝大麦粥的命啊!

裸大麦

连墩勾堡雁门西，白麦青稞出未齐。
边女尽能蒙古语，汉儿多作女真啼。

——《上都（其三）》（清）屈大均

一、物种本源

拉丁文名称，种属名

裸大麦，又名青稞、元麦等，为禾本科、大麦属一年生或二年生草本植物，是大麦（*Hordeum vulgare* L.）的一个变种。

形态特征

裸大麦秆茎直立，叶鞘很光滑，两侧长着两叶，互相抱茎，略微粗糙。花序呈穗状，成熟后变为黄褐色或紫褐色，小穗大约1厘米长，颖线呈针形，覆有短毛，先端渐尖，呈现芒状。颖果成熟时，易于脱出稃壳，颗粒饱满，带有淡淡的清香。

习性，生长环境

我国西藏、青海、云南西北部、四川西北部等地均栽培裸大麦，当地常称为“青稞”。青稞是藏族人民的主要粮食，近年来，随着经济社会的发展，人们对青稞的需求逐渐从物质层面延伸到了精神文化层面，藏族地区形成了内涵丰富、具有民族特色的青稞文化。

二、营养及成分

每100克裸大麦仁主要营养成分见下表所列。

碳水化合物	73.2克
膳食纤维	13.4克
蛋白质	10.2克
脂肪	1.2克

裸大麦仁还含有维生素A、维生素B_1、维生素B_2、维生素B_3、维生素E、胡萝卜素，以及镁、铁、锰、锌、钾、钠、钙、磷、硒等矿物质元素。

裸大麦仁

三、食材功能

性味 味甘、咸，性凉、平。

归经 归脾、胃经。

功能

（1）裸大麦仁有补脾养胃、益气止泻、强筋力、宽胸、利水的作用，对食积不消、脘腹胀满、食欲不振、泄泻、淋痛、水肿、高原反应等有缓解作用。

（2）裸大麦仁中β-葡萄糖的含量很高。β-葡萄糖具有降血糖、血脂的作用，所以裸大麦仁在降低血脂、血糖，增加胃动力，预防高原病和糖尿病等方面具有独特的作用。

（3）裸大麦仁中的膳食纤维具有清肠通便、清除体内毒素的良好功效。

（4）裸大麦仁淀粉中的支链淀粉加热后形成黏液，呈弱碱性，对胃酸过多有抑制作用。

四、烹饪与加工

青稞酒

通过发酵等工艺可酿造口感醇厚的青稞酒。

青稞面粉

将裸大麦仁清洗干净，研磨成粉，这种青稞面粉可以直接煮熟食用，也可以添加到其他食品中，增加风味。

青稞馒头

（1）材料：青稞面粉、普通面粉、酵母粉等。

青稞馒头

（2）做法：将青稞面粉和普通面粉混合，用清水将酵母粉搅拌溶解后放进混合面粉里反复揉，直到揉成表面光滑的面团。放置发酵一个小时，至面团膨胀，里面呈蜂窝状，再将面团分成长条，从中间对折，折成馒头状从底部掐断，整理成形后，放蒸锅蒸15~20分钟即可。

五、食用注意

（1）脾胃虚寒者应少食。

（2）消化能力弱者不宜多食。

青稞种子的来历

传说在几千年以前，有一个古国，土地广阔，人口众多。虽然人们有牛羊肉吃，有牛羊奶喝，却没有粮食。王子阿初决定要翻九十九座大山、过九十九条大河，去山神日乌达那里要种子。国王选了二十个武士保护阿初。一路上，危险重重，武士们接连死去，只剩下阿初王子一人和一匹马。

阿初一步一跌地爬上第九十九座大山，渡过第九十九条河流，见到了高大如山的日乌达，恭敬地说明来意。山神哈哈大笑："你弄错了！只有蛇王喀不勒那里才有粮食种子。但是他凶狠吝啬，到他那儿去的人，都被他变成狗吃掉了，你怕不怕?"

阿初说："只要能得到粮食种子，我什么也不怕。"

七天七夜之后，阿初来到蛇王洞府，在宝座下面发现了黄澄澄的青稞。阿初偷到青稞，摸出洞口。但是法力高强的蛇王也闻声赶到，他召唤闪电击中阿初，阿初应声倒下，变成了一只黄毛狗。阿初历经艰险，逃到娄若，决定把他偷来的青稞种子送给土司的女儿——美丽善良的俄满。

这一天，俄满在草坪上摘花，忽然看见一条可爱的黄毛狗眼泪汪汪地望着自己。黄毛狗"汪汪"地叫个不停，边叫还边用一只爪子拨动脖子上的粮食口袋。俄满打开口袋，看到了里面黄澄澄的青稞种子。阿初用两只前爪在地上刨了一个小坑，比画着要她把青稞种子丢在坑里。阿初不停地刨坑，俄满就把青稞种子撒在坑里。一袋青稞种子撒完了，俄满累出了一身汗，阿初也累得直吐舌头。

善良的俄满把地里种下的青稞当成宝贝，也把阿初当成她的宝贝，不论走到哪儿都把阿初带在身边。阿初天天要去看青稞，俄满也天天跟着去看。他们看着青稞发芽，出苗，吐穗……

一个有月亮的晚上，土司举办了盛大的锅庄晚会。唱完山歌，到了跳锅庄选心上人的时候了。俄满接连跳了三圈锅庄，却没有选出她心爱的人。人们悄悄地议论："俄满究竟要选谁呢?"俄满跳第四圈锅庄的时候，黄毛狗突然跑了出来。俄满刚抱起黄毛狗，人们就嘲笑俄满选了狗做丈夫。土司感觉丢了脸，指着俄满大骂："既然你爱狗，就跟你的狗丈夫走吧!"

俄满边哭边朝青稞地里走去，黄毛狗就跟在她身后。月光下的俄满格外美丽，她一边看着成熟的青稞，一边抚摸黄毛狗的头。突然，黄毛狗变回了人形，是英俊勇敢的阿初。他把事情的来龙去脉细细说来，俄满又惊又喜。阿初说："你愿意跟我回布拉国，做我的妻子吗?"俄满流着眼泪，不停地点头。

阿初王子背着青稞，带着俄满，回到了自己的国家举办婚礼。全城的百姓都来了，要亲自祝福带回青稞的英雄，他们也很感谢黄毛狗。从此每年做糌粑时，人们都要先捏一团糌粑喂狗。

浮小麦

高田种小麦，终久不成穗。
男儿在他乡，焉得不憔悴。

——《古歌》 两汉民谣

一、物种本源

拉丁文名称，种属名

浮小麦为禾本科、小麦属小麦（*Triticum aestivum* L.）的干燥、轻浮、瘪瘦的果实。

形态特征

浮小麦呈长圆形，两端略尖；表面呈黄白色，皱缩，有时尚带有未脱净的外稃；腹面有一深陷的纵沟，顶端钝形，带有浅黄棕色柔毛，另一端成斜尖形，有脐；质硬而脆，易断，断面呈白色；无臭，味淡。以质硬、断面白色、粉性、气弱、味淡、无异味者为佳。

习性，生长环境

小麦在全国各地均有种植，一般在夏至果实成熟时采收。

二、营养及成分

每100克浮小麦部分营养成分见下表所列。

蛋白质	12克
磷	330毫克
钙	43毫克
铁	5.9毫克

此外，浮小麦中还含有脂肪、谷甾醇、卵磷脂、尿囊素、氨基酸、维生素E、麦芽糖酶及蛋白分解酶等成分。

三、食材功能

性味 味甘，性凉。

归经 归心经。

功能

（1）浮小麦可以治疗心烦、淋病等。若外用，可消疮肿。

（2）浮小麦含少量谷甾醇、卵磷脂、尿囊素、精氨酸、淀粉酶、蛋白酶等生物成分，具有收敛、安神、抗炎等作用。

（3）浮小麦可显著降低血清胆固醇及三酰甘油含量，有降血脂的作用。

四、烹饪与加工

浮小麦糖浆

（1）材料：浮小麦、灵芝、大枣、合欢皮、首乌藤、女贞子等。

（2）做法：将上述材料与水共同煮沸后，于80～90℃温浸2次，每次2个小时，合并温浸液，静置、过滤，滤液浓缩至适量，经加工可制成浮小麦糖浆。

浮小麦茶

用浮小麦、山茱萸、桑叶、大麦、黄芪、黑大豆、大枣、糯稻根须等原料，经过加工制成的浮小麦茶，具有补中益气、益胃生津的作用。

浮小麦茶

五、食用注意

（1）无汗而烦躁或虚脱汗出者忌食。

（2）已变质的浮小麦禁食。

传说故事

王怀隐与浮小麦

北宋太平兴国年间，有一天雨后放晴，京城名医王怀隐到后院查看晾晒的中药材时，发现新购进一堆小麦，便问伙计：“这些又瘦又空的蛀小麦，是何人送来的？”

伙计回答：“是城南张大户送来的。”他正想再说什么，忽然来了一位急症妇人。

那妇人的丈夫恳求说：“我娘子近来不知何故，整日心神不宁，常常发怒，有时哭笑无常，甚至还伤人毁物，真有点怕人。今请先生施恩，为她除病驱邪。”

王怀隐切了切那妇人的脉，又问了几句病情，捋须笑道：“不必惊恐，此乃妇女脏躁症也。”说完，随手开了一方，上写小麦、大枣等三味药，意用良方“甘麦大枣汤”治疗妇女更年期出现的精神与心理方面的疾病。

那妇人丈夫拿着药扶着病妇，临行时又补充了一句病情：“先生，我差点忘了，她还常常夜间出汗，汗液常湿透衣衫呢。”

王怀隐点头答道：“嗯，知道了，先治好脏躁症再说吧。”

五日后，那妇人和丈夫乐滋滋地来拜谢王怀隐，感激地说：“先生救苦救难的大德，我们夫妇终生难忘。真是药到病除，不愧为杏林名医呀。”

王怀隐关切地说：“不急，今天再来治盗汗症。”

那妇人笑道：“不必了，已一并痊愈了。”

王怀隐暗自思忖，难道甘麦大枣汤也有止盗汗的作用？后来，他有意以此方又治了几个盗汗症病人，由于用的是成熟饱满的小麦，结果均不见效。他大惑不解，于是查阅唐代药王孙思邈的《千金要方》，想寻求答案。

正当这时，店堂小伙计与张大户的争吵声惊动了王怀隐。伙计手握一把张大户送来的小麦说：“这样的小麦我怎能收？你别以为做药就可以将就些，这瘪麦子你拿回去吧。”

王怀隐听罢，忆起上次那妇人所用的小麦就是张大户送来的瘪麦子，急忙上前道：“张老兄，你这麦子是……”

未等王怀隐说完，张大户便红着脸诉出了实情：“这是漂浮在水面上的麦子，我舍不得丢弃，我估计治病用大概可以吧，因此送来了。”

王怀隐听罢，从中似乎悟出了什么，便吩咐伙计：“暂且收下吧，另放一处，并注明‘浮小麦’三个字。”

后来，王怀隐用浮小麦试治盗汗、虚汗症，果然治一个好一个，便逐渐认识到浮小麦的功效。

太平兴国三年，他与同道好友潜心研究张仲景的医著，合编成《太平圣惠方》一书，并将浮小麦的功效记入该书。从此，“浮小麦”一药便流行于世，并被历代医家沿用至今。

小麦麸

万物生存好稀奇，剥离精华只剩皮。
回归自然成至宝，延年益寿粗勿细。

——《戏咏麦麸》（现代）
陈德生

一、物种本源

拉丁文名称，种属名

小麦麸为禾本科、小麦属一年生或越年生草本植物小麦（*Triticum aestivum* L.）磨粉后筛出的种皮，是小麦加工的副产物。其又名麸皮。

形态特征

小麦麸占小麦籽粒质量的20%左右，主要为6层组织（表皮、外果皮、内果皮、种皮、珠心层和糊粉层）叠合的麦皮和一定量的胚乳与麦胚所组成的混合物。小麦麸呈黄中带淡白色。

习性，生长环境

小麦种植土层深厚，结构良好，耕层较深，有利于蓄水保肥，促进根系发育。小麦是一种温带长日照植物，适应范围较广，自北纬17°～50°，从平原到海拔约4000米的高原均有种植。根据对温度的要求不同，分冬小麦和春小麦两种类型，不同地区种植不同类型。秋种为冬小麦，分布在长城以南；春种为春小麦，分布在长城以北。冬型品种适期的日平均温度为16～18℃，半冬型为14～16℃，春型为12～14℃。温度受地理纬度和海拔的影响，即纬度和海拔愈高，气温愈低，播种期可早些。

小麦为长日照作物（每天8至12小时光照），如果日照条件不足，就不能通过光照阶段，不能抽穗结实。小麦光照阶段在春化阶段之后。

二、营养及成分

每100克小麦麸主要营养成分见下表所列。

膳食纤维	31.3克
碳水化合物	30.1克
蛋白质	15.8克

小麦麸还含有维生素B_1，维生素B_2，维生素B_3，锌、磷、钙、铁等矿物元素，酶类（淀粉酶、植酸酶、羧肽酶和脂酶），酚类化合物等成分。

三、食材功能

性味 味甘，性凉。

归经 归心、脾、肾经。

功能

（1）对于虚汗、盗汗、泄泻、口腔红肿、风湿痹痛、脚气、小便不利等疾病的康复有益。

（2）小麦麸纤维中所含的黄酮类物质具有清除超氧离子自由基和羟基自由基的能力，在治疗心血管疾病、阿尔茨海默病等方面具有独特的疗效。黄酮类物质和膳食纤维中的葡萄糖所形成的糖苷，具有很强的抗氧化性。

（3）小麦麸中含有的膳食纤维能降低血浆葡萄糖含量，从而降低机体对胰岛素的需求，以达到治疗糖尿病的目的。

四、烹饪与加工

小麦麸汉堡

（1）材料：面粉、小麦麸、牛奶、鸡蛋、玉米油、芝麻、生菜、火腿、盐、酵母等。

（2）做法：将面粉等材料拌匀，在材料拌匀过程中加入少许玉米油，至完全混匀，揉成光滑的面团。醒发至2倍大后将醒发好的面团排气分割，整圆为每个约100克的面团；松弛20分钟后，再次整圆。将整圆后的面团醒发至2倍体积，表面刷蛋液并沾芝麻，放入180℃烤箱烤15分钟。烤好后取出放凉。对切后，夹入生菜、煎蛋、火腿片即可。

小麦麸膳食纤维粉

小麦麸经过预处理、清洗、复合酶酶解、灭酶、清洗、脱水、干燥、粉碎、分级等工艺，可以得到小麦麸膳食纤维粉。该制备工艺条件温和，得到的产品具有得率高、质量好及口感好等优点，可作为食品配料添加到其他食品中。

小麦麸蛋糕

利用超微粉碎技术，将小麦麸粉碎后添加于小麦粉中，与鸡蛋、白糖和甜菊糖一起打发，再依次加入蛋糕油、泡打粉和水，分次加入小麦粉调糊，最后经装模、烘烤、脱模得到高纤维素、低糖的新型小麦麸蛋糕。小麦麸蛋糕适合中老年人和糖尿病患者食用。

小麦麸蛋糕

小麦麸方便粥

将小麦麸预处理后进行蒸煮、晾干、超微粉碎、复配、挤压膨化，再粉碎、调配成小麦麸方便粥。经过蒸煮、复配、挤压膨化后，产品适口性大大提高，且产品冲溶均匀，不起疙瘩、不分层，是一种方便的调理食品。

五、食用注意

（1）小麦麸不要炒过火，微黄即可。

（2）小麦麸一定要新鲜，最好是刚出机（磨）的。

（3）消化功能较差者不宜多食。

面粉是从哪里来的?

从前，有个富翁很有钱，家里积攒了很多财产，可就是缺乏学识。一家人孤陋寡闻，愚蠢至极。特别是两个儿子，表面看上去穿着华丽，可实质上只不过是一对“绣花枕头”，而这个富翁也从来不知道教育他们。

一天，一个学子对富翁说：“您的两个儿子虽然长得很英俊，可是都没什么学问，又不通晓人情世故，长大了怎么能继承您家祖先的基业呢?”

富翁一听很不高兴，生气地说：“谁说我家孩子不通世事?我家孩子又聪明又有才干，谁也比不上他们!”

学子笑了笑，说：“把您儿子叫过来，我不考什么别的，只想问问他们吃的面粉是从哪里来的。如果他们说得清楚，就算我错了，我情愿承担诬蔑的罪名，您看行不行?”

富翁把两个儿子喊来，站在学子跟前。学子笑着问他们：“两位公子，你们吃的白面粉，知不知道是从哪里来的?”

富翁的两个儿子一听，心想：我以为是考我们什么了不得的学问哩，原来是这么简单的问题。于是他们嬉皮笑脸地说：“我哥俩岂能连这点小事也不知道？面粉是从缸里取来的!”

富翁在一旁听了，气得直跺脚，脸上现出难堪的神情，他赶紧纠正他们说：“真是两个笨蛋，愚蠢至极，面粉是从哪里来的都不知道！告诉你们，是从田里取来的呀!”

学子笑了笑说：“有这样的父亲，怎么不会有这样的儿子呢。”

燕麦

田中菟丝，何尝可络。
道边燕麦，何尝可获。

——《古歌》两汉民谣

一、物种本源

拉丁文名称，种属名

燕麦（*Avena sativa* L.）为禾本科、燕麦属一年或越年生草本植物，又名雀麦、催麦、野麦子、皮燕麦等。

形态特征

燕麦的颖果被淡棕色柔毛，腹面具纵沟。燕麦须根较坚韧。秆直立，光滑无毛，高可达120厘米，具节。叶鞘松弛，叶舌为透明膜质，叶片扁平，微粗糙。圆锥花序开展，呈金字塔形，小穗含小花。燕麦仁以呈浅土褐色、外观完整、散发淡淡清雅麦香者为佳。

习性，生长环境

燕麦的主要产区集中在北半球的温带地区，是一种世界性栽培作

燕　麦

物。我国燕麦主产区有内蒙古、河北、吉林、山西、陕西、青海和甘肃等地，云南、贵州、四川、西藏有小面积的种植区。燕麦生长喜高寒、干燥的气候，我国内蒙古自治区中部阴山北麓海拔约2000米，年日照时间超过3000小时，昼夜温差大，被誉为世界燕麦的黄金产区。

二、营养及成分

每100克燕麦仁主要营养成分见下表所列。

碳水化合物	61.6克
蛋白质	15.6克
膳食纤维	4.6克
脂肪	4.5克

燕麦仁中富含多种氨基酸及维生素 B_1、维生素 B_2、维生素 B_3、维生素E等营养素，还含黄酮和多种微量元素等。

三、食材功能

性味 味甘，性平。

归经 归脾、胃经。

功能

（1）中医学认为，燕麦具有健脾益气、补虚止汗、养胃、润肠之功效。燕麦仁有益肝和脾、滑肠催产、止汗止血，对病后体虚、纳果腹胀、便秘、难产、虚汗、盗汗、出血等症有益。

（2）燕麦仁中含有多种不饱和脂肪酸、可溶性膳食纤维等，具有明显的降低血清总胆固醇、三酰甘油、低密度胆固醇浓度的作用，并具有一定的升高血清高密度胆固醇浓度的作用，降血脂效果非常明显。同时，燕麦仁中含有较多的亚油酸，能与胆固醇结合成酯，进而降解为胆酸而排泄出去，可以软化毛细血管，具有预防血管硬化的功能。

（3）燕麦仁中的碳水化合物在体内被缓慢地水解为葡萄糖，不会导致血糖浓度的迅速上升。膳食纤维能延缓人体对糖类物质的吸收，改善神经末梢对胰岛素的感受性，抑制饭后血糖浓度上升。因此，燕麦仁适宜作为糖尿病人的食物。

（4）燕麦仁所含的膳食纤维具有持水、持油、强吸水膨胀及强吸附能力，可缩短大便在大肠内的滞留时间。因此，可以改善消化功能，促进胃肠蠕动，润肠通便，减少肠道对残余毒素的吸收，降低因毒废物积累而患肠道病的概率。

（5）燕麦仁所含的纤维在肠胃中吸水膨胀并形成高黏度的溶胶或凝胶，可延缓胃肠的排空时间，易于产生饱腹感，是理想的天然减肥食物。

（6）燕麦仁所含的维生素 B_1、维生素 B_2、维生素E及叶酸等，可以消除疲劳、减轻心理压力。燕麦仁所含的钙、磷、铁、锌、锰等矿物质，则能预防骨质疏松症，促进伤口愈合，预防贫血等。此外，燕麦仁还具有良好的抗氧化、消除体内自由基的作用。

四、烹饪与加工

燕麦粳米粥

（1）材料：粳米、燕麦粉、白糖等。

（2）做法：将粳米洗净，用冷水浸泡半小时，放入锅内，加入冷水，先用旺火烧沸，然后改用小火熬煮。粥熬至半熟时将燕麦粉用冷开水调匀，放入锅内，搅拌均匀，待粳米烂熟以后加白糖调味，即可盛起食用。

燕麦粳米粥

红豆牛奶燕麦粥

（1）材料：燕麦仁、红豆、山药、牛奶、木瓜等。

（2）做法：将燕麦仁、红豆洗净后泡发；山药、木瓜均去皮洗净，切丁。将锅置于火上，加入适量清水，放入燕麦、红豆、山药以大火煮开。再加入木瓜，倒入牛奶，待煮至浓稠状即可食用。

燕麦片

结合高温短时挤压膨化技术和超微粉碎技术，添加奶粉、豆粉、大枣、核桃、杏仁、蔗糖等原辅料生产出的速溶复合营养燕麦片，能有效地提高纯燕麦片中糖、蛋白质和脂肪的含量，赋予纯燕麦片不同的口味，适合儿童和青少年等对能量需求较大的人群。

燕麦饮料

燕麦饮料是利用多酶分步水解燕麦粉，再经高压均质、瞬时超高温杀菌制成的燕麦蛋白饮料，富含维生素、多种有益矿物质及身体所需的蛋白质，既可补充身体所需的营养成分，又可均衡身体机能。燕麦饮料目前包括发酵型饮料，如燕麦生物乳；非发酵型饮料，如燕麦纤维饮料和燕麦茶等。

五、食用注意

（1）燕麦易滑肠、催产，故孕妇慎食。

（2）燕麦不可过量食用，否则有可能造成胃痉挛或者腹部胀气。

传说故事

成吉思汗的燕麦军粮

相传，一代天骄的成吉思汗之所以能带出如此凶悍的骑兵，其原因并不只在于草原人本身的剽悍，也不只在于成吉思汗本身的雄才大略，还有决定每一场战争最基础的那些部分——军备、粮草、训练方式、养马方法……

草原上的野生燕麦分布极广，成吉思汗当时便发现了这种天然粮食的好处：不仅能在土地贫瘠的草原上生长，而且颗粒饱满、口感极佳，更重要的是人和马都爱吃。他见吃了燕麦的士兵一个个更耐饿，体力更强，身体素质也有了不小的提高，于是下令大规模种植燕麦充当军粮，并且将产出的燕麦磨成粉，方便携带和运输，也方便食用。只要士兵饿了，随时随地，直接取一些燕麦粉兑水，搅成糊，就可以食用了。

正是因为这种新式军粮的出现，成吉思汗的骑兵就算在恶劣的环境下也能及时补充体力，从而骁勇善战，攻无不克，战无不胜。

燕麦军粮为成吉思汗统一蒙古诸部打下了坚实的基础。

莜麦

远古神农百草尝，麦性刚烈搅三江。
留优去劣大剖腹，今见腹沟不见脏。

——《麦》（现代）陈德生

一、物种本源

拉丁文名称，种属名

莜麦［*Avena chinensis*（Fisch. ex Roem. et Schult.）Metzg.］为禾本科、燕麦属植物，又名玉麦、油麦等。

形态特征

莜麦籽粒瘦长，有腹沟，形状为筒形或纺锤形，成熟时籽粒与稃分离。莜麦秆直立，高可达100厘米；叶鞘松弛，鞘缘为透明膜质；圆锥花序疏松开展，分枝纤细，小穗含小花，穗轴细且坚韧。莜麦米以颗粒完整、形状饱满、有清新淡雅麦香气息者为佳。

习性，生长环境

莜麦在6—8月开花结果。在我国西北、西南、华北等地区有栽培，主要生长于山坡路旁、高山草甸及潮湿处。

山西省志记载，莜麦在我国的种植历史最少有2500年，最早可能种植于华北的高寒地区，后来逐渐成为北部高寒区主要粮食作物之一。莜麦喜寒凉、耐干旱、抗盐碱、生长期短，所以山西莜麦的主要产区在晋西北，总产量占到全国产量的10%。在我国众多莜麦品种中，以山西“五寨三分三”

莜麦植株

为最佳，其茎秆粗壮，根系发达，分蘖力强，穗长大后粒大饱满，且面白、味美、耐饥。

二、营养及成分

每100克莜麦仁主要营养成分见下表所列。

碳水化合物	63.9克
蛋白质	15克
脂肪	8.5克
膳食纤维	7.9克

莜麦仁还含维生素B_1、维生素B_2、维生素B_3、维生素E、胡萝卜素，并含磷、锌、铁、铜、钾、硒、镁、钙、锰等矿物质元素。

三、食材功能

性味 味甘、微咸，性平。

归经 归脾、胃、大肠经。

功能

(1) 莜麦仁宽中下气、祛湿止泻、健脾益胃，对食欲不振、腹泻、口干思饮、肺结核、盗汗、糖尿病、儿童营养不良等症的食疗效果好。

(2) 莜麦仁中含有大量膳食纤维和碳水化合物，进入人体后会吸水膨胀，会对肠胃产生温和刺激，加快肠胃蠕动，从而缩短人体排便时间，经常食用能保持大便的通畅，维持肠道健康。

(3) 莜麦仁中含有不饱和脂肪酸，人体吸收后能加快体内过氧化脂质的代谢，提高血管的韧性与弹性，保护人体心血管。坚持食用莜麦仁能满足人体对不饱和脂肪酸的需求，降低高血脂、高血压以及动脉硬化的发病率，提高人体心血管健康水平。

（4）莜麦仁中含有的维生素E和皂苷被人体吸收后能增强人体皮肤细胞的抗氧化能力，加快皮肤细胞再生，提高皮肤弹性，减少皱纹，因而具有一定的美容功效。另外，莜麦仁中含有的活性成分还能抑制人体内黑色素的生成，淡化面部色斑，具有突出的美白功效。

四、烹饪与加工

莜麦仁经过淘洗、晾晒、炒熟、研磨后，吃法非常多，著名的西北小吃“推窝窝”等就是用莜麦做成的。由于莜麦面质较硬，所以必须经过“三熟”后方可食用：先把莜麦仁炒熟，磨成面；再把莜麦面粉用开水烫熟；和好以后做成各种花样蒸熟。

莜麦片

将莜麦仁置于110～120℃的蒸制器中，蒸制4～6分钟后，使莜麦仁软化，而后将软化的莜麦仁用辊磨机轧扁，烘干后即为莜麦片。

莜麦保健面包

以莜麦面粉为主要原料，通过添加活性干酵母、黄原胶、面包改良剂等，增加面包的体积和持水性，使面包口感柔软，并具有药食兼备的作用，适合糖尿病、高血脂、高胆固醇患者食用。

莜麦面饼干

以蒸煮莜麦面为主要原料，加入白沙蒿胶使莜麦面团与小麦面团的物理性状接近，可制成具有保健功能的莜麦面饼干，避免了以生莜麦面为主要成分所制饼干具有的色乌、味苦及有异味的缺点。

莜麦面条

按比例准确称取莜麦粉、小麦粉与面条品质改良剂，充分混匀，然后手工和面制成面团，将面团熟化后进行压片、切条，制成莜麦面条。

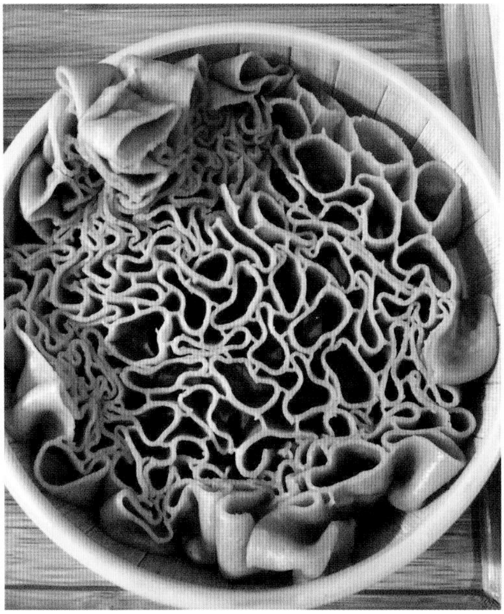

莜麦面条

五、食用注意

（1）哺乳期妇女应少食莜麦。

（2）食用莜麦时应相应减少其他主食的食用量。

（3）莜麦仁外有一层纤维麸壳，需碾磨后才可食用。

（4）莜麦仁的质地较硬，若直接煮较难煮熟，建议烹煮前先用清水浸泡1~2个小时。

（5）莜麦仁不易被消化，肠胃功能差、体虚者应忌食。

传说故事

莜司献谷

相传，汉武帝时期战事不断，北方地区的游牧民族匈奴经常骚扰汉地，造成了大量的人畜损失，人民苦不堪言，正常的生产生活无法继续。

消息传到朝廷，汉武帝大怒，随即命大军前去征讨。可是游牧地区的匈奴骑兵忽东忽西，作战不定，给汉军造成极大损失。汉军屡战屡败，加上军队的补给全靠征调，补给线长且容易遭到敌军偷袭。而游牧民族的骑兵靠掳掠为主，随军自带干粮，不仅没有被消灭，反而越战越勇，令汉军十分头痛。

大将军卫青建议在驻地垦荒，汉武帝采纳了卫青的建议，命军队垦荒，以供军需，并从各郡征调大批劳力前往河套地区，使汉军的实力大增。

当时大多数农作物在垦地产量有限，大臣莜司便敬献了一种特殊的种子。这种种子一经播下，生长迅速，产量很高。汉军食后耐饥耐寒，军力大增，很快打败了匈奴。

汉武帝非常高兴，亲自率众到河套地区，犒劳三军，并封敬献谷物的大臣莜司为大将军，还亲自为这种谷物取名为莜麦。

稷米

天祸尔土，不麦不稷。
民无用物，珍怪是直。
播厥熏木，腐余是穑。
贪夫污吏，鹰挚狼食。

——《和陶劝农六首（其二）》（宋）苏轼

一、物种本源

拉丁文名称，种属名

稷（*Panicum miliaceum* L.）是禾本科、黍属一年生栽培草本植物，稷米别名粢米、穄米、糜子米等。

形态特征

稷秆粗壮，直立，单生或少数丛生，高可达120厘米；叶片线形或线状披针形，顶端渐尖，基部近圆形，边缘常粗糙；圆锥花序开展或较紧密，成熟时下垂，分枝具角棱，边缘具糙刺毛，下部裸露，上部密生小枝与小穗；胚乳长为谷粒长度的1/2，种脐点状，黑色。

习性，生长环境

稷喜强光照、耐热、耐贫瘠、不耐霜、不耐湿涝；生长周期短，是喜温短日照作物，一般在旱地播种。我国西北、华北、西南、东北、华南等地都有栽培。

二、营养及成分

稷米的蛋白质含量一般在13%左右，主要是清蛋白，其次为谷蛋白和球蛋白，醇溶蛋白含量最低。稷米中含有人体必需氨基酸，其中每100克稷米甲硫氨酸含量为299毫克，色氨酸为198毫克。稷米中淀粉含量在70%左右，其中糯性品种为67.6%，粳性品种为72.5%。稷米中脂肪平均含量为3.1%，高于小麦和大米。稷米含有多种维生素，其中维生素B_1、维生素B_2、维生素B_5、维生素B_6、维生素E的含量均高于大米。稷米中常量元素钙、镁、磷及微量元素铁、锌、铜的含量均较高；其中每100克稷米含镁116毫克、钙30毫克、铁5.7毫克。稷米中食用纤维的含量为

3.5%～4.4%，高于小麦和大米。

三、食材功能

性味 味甘，性平。

归经 归脾、胃经。

功能

（1）稷米主益气，补不足。作为饭食，能安中利胃益脾，凉血解暑。

（2）稷米中维生素E和维生素B_5的含量也比较高，可以维持人体肌肉的正常代谢以及中枢神经系统、血管系统的完整机能，防止出现生殖系统疾病，还具有防衰老作用。维生素B_5的含量较高，可以预防癞皮病，调节神经系统、肠胃及表皮细胞的活性。

（3）稷米中纤维素吸水会浸胀，人体食用后可促进肠道蠕动、粪便排出，减少细菌及毒素对肠壁的刺激。纤维素还能与饱和脂肪酸结合，预防血浆胆固醇的形成，从而减少沉积在血管内壁的胆固醇数量，预防冠心病的发生。

四、烹饪与加工

稷米保健醪糟

稷米保健醪糟选用营养价值丰富的稷米作为主要原料，配以能进一步增香并增加营养成分的辅料：燕麦、薏苡仁、藜麦、糯米、红豆、绿豆、花生和百合，制得的产品口味酸甜适中，口感醇厚绵长，加入具有保健功效的中草药，可进一步提升其保健功效，使其不但具有传统醪糟的解暑、养胃功效，还具有益气安中、补虚和胃的功效。

保健型营养米粉

经过发芽、酶解、挤压膨化后的稷米冲调性高，营养物质均易溶于水；在米粉中添加了坚果浆，坚果浆中含有锌、锰、亚麻酸、亚油酸等具有益智健脑作用的物质，使得米粉具有更全面的营养和保健功能。

稷米饼干

通过生物酶解、挤压膨化和超微粉碎等技术，以大豆、粟米、稷米为主要原料，添加猪皮、银耳等富含胶原蛋白及多糖的食材，制得的稷米饼干不仅营养丰富，还具有多种生物功效。

五、食用注意

稷米黏性大而难以消化，切忌过量食用，尤其老弱病人和胃肠功能欠佳者更要少食。

传说故事

关于稷神的传说

在中国民间信仰中，稷神是谷神。稷神是上古时代神话传说中的人物，相传是黄帝的玄孙、帝喾之子，号后稷，居子帝五（今河南濮阳附近）。他聪明敏慧，有智谋，在民众中有很高的威信。他统治的地盘也很大，北到现在的河北一带，南到南岭以南，西到现在的甘肃一带，东到东海中的一些岛屿。古代历史书上描写说，他视察所到之处，都受到部落民众的热情接待。相传后稷的母亲姜嫄在野外踏了巨人脚迹而孕，生后稷，姜嫄以生子不祥而弃之，故名为“弃”。当时她把弃放到一个狭隘的小巷内，但路过的牛、羊不仅不践踏他，还给他喂奶，养育他。姜嫄又把弃放到森林里，恰巧遇到了很多伐木人，都来轮流照料他。姜嫄又将弃转移到寒冷的冰河上，冰寒刺骨，当弃刚被放下，就飞来了一群鸟儿纷纷张开翅膀，将弃覆盖起来。这时姜嫄认为弃似有神气，遂将他抚养长大。古之“圣人”大多都以“神授”或“天授”显示其灵异。后稷的出生也是如此。

稗米

农田插秧秧绿时，稻中有稗农未知。
稻苗欲秀稗先出，拔稗饲牛唯恐迟。
今年浙西田没水，却向浙东籴稗子。
一斗稗子价几何，已直去年三斗米。
天灾使然赝胜真，焉得世间无稗人。

——《种稗叹》（元）方回

一、物种本源

拉丁文名称，种属名

稗米为禾本科、稗属一年生草本植物稗［*Echinochloa crus-galli*（L.）P. Beauv.］的成熟种仁，又名稗子等。

形态特征

稗草秆基倾斜或膝曲，光滑无毛；叶鞘疏松裹茎，平滑无毛；无叶舌；叶片扁平，呈线形，光滑无毛；颖果呈椭圆形，平滑光亮。

稗草有水稗（稗子）、旱稗（乌禾）两种。民间有“五谷不熟，不如稊稗”的说法。水稗种仁口感同粳米，而旱稗口感与籼米接近。

习性，生长环境

稗米主要种植于沼泽地、沟边及水稻田中，分布几乎遍及全国。

二、营养及成分

每100克稗米主要营养成分见下表所列。

碳水化合物	74.3克
蛋白质	8.2克
脂肪	1.1克
膳食纤维	0.8克

稗米还含有独特的稗子素以及维生素、微量元素、氨基酸、多酚、黄酮、挥发油、油脂等。其中，维生素的含量因稗米的种类和产地的不同而有所差异。

三、食材功能

性味 味甘、微苦，性微寒，无毒。

归经 归胃、膀胱经。

功能

（1）稗米可健脾除湿、消肿通淋，对脾胃虚弱引起的食欲不振、风湿痹痛、水肿喘息、咳嗽、肠痛、淋症的康复极为有益。

（2）现代研究认为常食稗米可以美容、延缓皮肤衰老。成人每天食用250克稗米，就能满足锌和硒的保健量。

（3）稗米有清热凉血、平衡血糖、防止动脉硬化、缓解吐血和便血的功效，还能促进血液循环，改善青春痘、黑斑、皮肤粗糙等不良症状。

四、烹饪与加工

稗面馒头

（1）材料：稗米粉、豆粉、干酵母等。

（2）做法：用温水将上述材料和成粉团，揉匀发酵，制成馒头坯，蒸熟。

稗米山药粥

（1）材料：稗米、粳米、山药、白糖等。

（2）做法：将生山药刮去外皮，洗净切成片状备用。将两种米淘净后，加清水，大火烧开后加入山药片，转用小火慢熬成粥，加入白糖调溶。

稗米山药粥

五、食用注意

（1）胃酸过多者不宜多食稗米。

（2）高血糖者不宜多食稗米。

传说故事

“顾家子”和“败家子”

很久很久以前，世上没有水稻这种作物，也没有稗草这种害草，人们只能靠耕种高粱、玉米等粗粮生活。

那时，山村里生活着一对孪生兄弟。这对兄弟的长相几乎一模一样，不熟悉他们的人是很难分辨出来的。但兄弟俩的品行却完全不同，哥哥勤劳善良，帮助父母把家里收拾得井井有条，大家都叫他“顾家子”；可是弟弟不仅好吃懒做，还沾染上了赌博的恶习，大家都叫他“败家子”。

败家子整天游手好闲，赌输了就伸手向家里人要钱，要不到就想方设法去偷。父母二人年老体迈，根本管不了。身为哥哥的顾家子看在眼里，急在心里。他一次次苦口婆心地劝弟弟改邪归正，但败家子非但听不进去，反而越陷越深。

有一回，败家子不仅把带去的钱全部输光了，还欠下了一大笔赌债。败家子回到家后，又厚颜无耻地向年迈的双亲要钱。可是好端端的一个家早被他输得家徒四壁，哪儿还拿得出钱帮他还赌债呀？面对执迷不悟的败家子，全家人又怜又气。几番商议之后，大家一致认为，要想拯救他，唯一的办法就是报官。

拿定主意后，一家人就拉着败家子向县衙走去。然而，败家子生怕受到刑罚，死活不肯去。兄弟俩在一处断崖前推推搡搡，结果一不留神跌下悬崖，双双殒命。

兄弟俩死后，黑白无常就来押解他们的魂魄了。顾家子的冤魂看着悲痛欲绝的父母，不忍离去。他双膝一弯，跪在黑白无常的面前请求道：“两位差爷，我死了不要紧，只可怜我那年迈的父母无人照顾。求你们行行好，先让我还阳给他们养老送终，再来索我的命吧。”

“唉！”黑无常长叹一声，“顾家子啊，虽然我们也很同情你的遭遇，但生死有命，我们也无法改变啊。”

“差爷！”顾家子苦苦哀求，“要是我不在了，我的父母非饿死不可。既然你们无法让我还阳，就把我化成庄稼长在地里让他们食用吧。”

“好吧，我们成全你！”黑白无常都非常同情顾家子的遭遇，又念在他一片孝心，便把他点化成植物长在老夫妇的水田里。

败家子见了，为了摆脱地狱的煎熬，也请求黑白无常点化自己。黑白无常怕他在阎罗王面前乱说一气，也把他点化成植物长在顾家子的身边。兄弟俩变成植物后，依旧长得很像，只不过他们结出的种子却天差地别。顾家子结出的壳薄籽大，烧出来的饭香软可口；而败家子结出的壳厚籽小，可食用的部分很少。老两口觉得籽大的植物像大儿子一样贴心，就将其取名为“顾家子”；而籽小的植物像小儿子一样只会吸取养分却毫无用处，就将其取名为“败家子”。

再后来，这两种植物传遍了世间的每个角落。人们为图方便，就简称它们为顾子（谷子）和败子（稗子）。

小米

我生正坐山水癖，展卷见山如蜜甜。
古树含烟黑个个，远山落日见尖尖。
险绝岂惟游子虑，清幽足慰老夫潜。
行路望云情更切，不因小米故多添。

——《题米元晖画》（元）王冕

一、物种本源

拉丁文名称，种属名

小米，一般指粟［*Setaria italica* var. *germanica*（Mill.）Schred.］，为禾本科、狗尾草属植物。

形态特征

小米粒小，直径1毫米左右。其品种繁多，有白、红、黄、黑、橙、紫等各种颜色，俗称“粟有五彩”，还可分出黏性小米、糯性小米和混合小米。植株须根粗大，秆粗壮，直立；叶片为长披针形或线状披针形，先端尖，基部钝圆，上面粗糙，下面稍光滑；圆锥花序呈圆柱状或近纺锤状，小穗为椭圆形或近圆球形，呈黄色、橘红色或紫色。

粟植株

习性，生长环境

小米耐旱，一年生，适宜生长在微酸和中性土壤中，喜干燥、怕涝，是世界上最古老的栽培农作物之一，起源于我国黄河流域，是我国古代的主要粮食作物。我国最早的酒也是用小米酿造的。小米的主产区在我国。

二、营养及成分

每100克小米主要营养成分见下表所列。

碳水化合物	73.1克
蛋白质	10.5克
膳食纤维	3.4克
脂肪	2.7克
钙	14毫克
铁	4.8毫克
维生素B_1	0.2毫克
维生素B_2	0.1毫克

三、食材功能

性味 味甘、咸，性凉。

归经 归胃、脾、肾经。

功能

（1）中医认为小米有清热解渴、健胃除湿、和胃安眠等功效。

（2）小米能补血、健脑、强身，特别适合体弱或病后体虚者补养，其保健功效显著。

（3）食用小米可以调养产妇虚寒的体质，有利于其恢复体力，具有滋阴养血的功效。我国北方许多妇女在生育后，都食用小米加红糖来调养身体。

（4）小米是碱性谷类，含有易消化的淀粉，容易被人体消化吸收，能防治消化不良、口角生疮，被营养专家称为“保健米”。中医认为小米具有益肾和胃、健脾补虚的作用，能防止反胃、呕吐。

（5）现代医学研究发现，小米含有的色氨酸会促使人产生睡意，所以小米也是很好的安眠食品。

四、烹饪与加工

红糖鸡蛋小米粥

（1）材料：小米、鸡蛋、红糖等。

（2）做法：先烧开水，然后放入小米，煮沸后取汁，再倒入鸡蛋液，稍煮，加适量红糖即可。

红薯小米粥

（1）材料：红薯、小米、白糖等。

（2）做法：在砂锅中注水烧开，加入去皮、切好的红薯。再放入水发小米，拌匀。加盖，用大火煮开后转小火继续煮1个小时至食材熟软。揭盖，加入白糖，拌匀至白糖溶化。关火后盛出、装碗即可。

桂圆芝麻小米粥

（1）材料：桂圆、黑芝麻、小米、白糖等。

（2）做法：将桂圆去皮、去核取肉，冲洗干净，切成小块；将小米淘洗干净；将黑芝麻拣去杂质，入干锅炒香；在锅中加入清水，先放入小米，煮至小米半熟，再放入桂圆肉和炒香的黑芝麻，继续煮至小米熟软时，加入白糖即可。

液态发酵小米糖醋

将小米浸泡，大麦芽碾压成糊状；将小米蒸好后加入大麦芽搅拌均匀，加水进行糖化；将糖化后的小米进行过滤得到小米糖浆；将小米糖浆进行自然发酵，制成小米陈醋；将小米陈醋进行加热发酵后杀菌制成小米糖醋；将小米糖醋进行杀菌即得成品小米糖醋。

成品小米糖醋保持了小米陈醋味绵、醇香、甘甜的特色风味，特别是经过发酵工艺之后，小米糖醋中的糖分为天然生成的对人体有益的饴糖。

五、食用注意

（1）淘米时不要用力搓，忌长时间浸泡或用热水淘米。

（2）由于小米性稍偏凉，气滞者和体质偏虚寒、小便清长者不宜过多食用。

传说故事

龙山小米的传说

龙山小米，产于山东省济南市章丘龙山镇，以色泽金黄、味道醇香、营养丰富而享有盛誉。关于龙山小米，还有一段美丽的传说呢！

清高宗乾隆帝潇洒风流，一生爱游山玩水，喜物产民俗，每到一处，兴之所至便欣然挥笔撰文题字，留下踪迹。在他下江南巡游时，听说章丘是块山明水秀的物丰膏腴之地，便起圣驾来到章丘城。

接驾的是章丘名门望族、西关高家的高如恂。此时高如恂已是耄耋之年，但他耳不聋眼不花，思维相当敏捷，经常做出一些令人叫绝的“怪事”，被人们传为佳话。

接驾乃隆重之事，锦天绣地、乐器歌舞自不必说，猴头、燕窝、熊掌、鹿胎也是“常见而不鲜，常食而味淡”。皇帝什么好东西没吃过？要想使龙颜大悦，品出一点味儿来，还真是一件难事。高如恂思来谋去，突然想到了龙山小米。

接驾仪式完毕，正巧是乾隆帝用“小饭”的时辰。高如恂急忙叩头启奏万岁爷：“小人备有龙米金汤，望万岁品尝。”乾隆帝听奏，先是一怔，随后思到：汤羹之类，朕也不知喝过多少，这“龙米金汤”怎么从未听闻？便传旨速速端来。

当一只银碗递在乾隆手中时，乾隆细观碗中之汤，只见其色泽金黄，黏糊均匀，表面浮着一层清淡的米油。未曾入口，暗香已先吸入鼻孔。轻轻吸吮，一口咽下，口内余香温和绵柔，不似瑰香浓烈，又胜莲蓬透脾。碗沿沾有几粒米，乾隆帝舒舌尖舔入口内，他一边回味着米香，一边指碗说道：“此真乃银碗金汤！可不知这‘龙米’一说的出处？”

如恂又急叩头说道："万岁听禀，此米产于县邑西南龙山镇石人坡，故名为'龙米'。"

"可有来历?"皇帝又问。

"传说上古之时，神农帝在此造耜制陶、品尝百草，稻黍麦豆皆系草类，均被神农帝点化为稼，供人种植求生。龙粟身纤体弱未被点化，便泣于荒坡石缝之间，其悲甚痛。神农帝怜之，便亦点化之。因龙山乃粟诞生之地，故其味自然馨醇诱人矣。"

乾隆帝大悦，望着如恂那雪须银发，不由想起了画中的寿星，随欣然挥笔题了"天开寿域"四个大字，并把这四字大匾赐予如恂。如恂叩头谢恩，如鸡啄米。以后他把此匾悬入大厅，地方官吏、富室豪绅争相瞻仰，成了高家累世之荣耀。

乾隆帝又传圣旨：速集龙米数斗，一半送入京城赐朝中各大臣品尝；一半在江南途中随驾携带，分赐沿途地方官员品尝。又道："龙山小米乃上乘之米，日后每年收成新米，务必要岁岁进京朝贡。"

自此，龙山小米便名闻京城，誉满天下，朝野争相食之。

高粱

芳名传蜀黍，嘉种遍辽东。
盛夏千竿绿，当秋万穗红。
影全迷渭竹，色欲艳江枫。
漕运天仓满，飞随海舶风。

——《高粱》（清）张玉纶

一、物种本源

拉丁文名称，种属名

高粱［*Sorghum bicolor*（L.）Moench］为禾本科、高粱属一年生草本植物，又名木稷、芦粟、荻粱、番黍、蜀秫、乌禾、秫秫、红粮、红棒子等。高粱脱壳后即为高粱米，高粱米主要用来食用、酿酒或制饴糖。

形态特征

颖果呈褐、橙、白或淡黄等色。种子为卵圆形、微扁，质黏或不黏。按黏性分，有粳性或糯性；按粒大小分，有大粒、中粒、小粒；按粒形分，有圆形、纺锤形和鸽眼形；按用途分，有食用高粱、糖用高粱、饲料用高粱等。糖用高粱的秆可制糖或生食，饲料用高粱的穗可制扫帚。

习性，生长环境

高粱分布于热带、亚热带和温带地区。高粱是我国最早栽培的禾本科作物之一。高粱喜温、喜光，在生育期间所需的温度比玉米高，并有一定的耐高温特性，全生育期适宜温度为20～30℃。我国南北各省区均有栽培，主产于内蒙古、山西、山东等地，以山西出产者品质为优。

二、营养及成分

每100克高粱米主要营养成分见下表所列。

碳水化合物	75.6克
蛋白质	8.4克
脂肪	2.7克

灰分	0.4克
粗纤维	0.3克
磷	188毫克
钙	17毫克
铁	4.1毫克
维生素B_3	0.6毫克
维生素B_1	0.3毫克
维生素B_2	0.1毫克

三、食材功能

性味 味甘、涩，性温，无毒。

归经 归肺、脾、胃大肠经。

功能

（1）高粱米功能温中，涩肠胃，止霍乱。中医认为，高粱米能和胃、健脾、止泻，有固涩肠胃、抑制呕吐、益脾温中、催治难产等功效。

（2）高粱米中的植物多酚类物质种类较齐全、含量较高。现代医学研究证明，高粱多酚具有抑菌、抗氧化、抗诱变等功效。高粱米含有膳食纤维、植物固醇等多种植物化学物质，具有预防心血管疾病的功效。

（3）高粱米中的抗性淀粉含量显著高于玉米、大米、小麦等其他谷物。现代医学试验证明，抗性淀粉可以降低人体血液中总胆固醇的水平，还可以减少三酰甘油的含量，同时能降低餐后血糖和胰岛素应答，提高机体对胰岛素的敏感性。

四、烹饪与加工

高粱米是人类的口粮，某些地区以高粱米和高粱面为主食，传统的高粱食品有米饭、米粥、窝头、发糕、年糕、炒面、面条等，还可将高粱制成淀粉、糖浆、粮食酒和酒精产品等。

高粱面包

在面包中加入适量的高粱面，能充分发挥食物营养的互补作用且不会改变原有风味，可以预防因营养过剩导致的肥胖、高血压、糖尿病等的发生。

高粱休闲食品

充分利用生物技术手段改良高粱的品质，从而生产出高粱膨化食品、高粱锅巴、高粱挤压食品（如虾条、虾球、雪米饼）、饼干、速溶茶汤等系列产品，具有营养、方便、安全的特点。

高粱酒

酿酒是高粱加工的一个主要方向。驰名中外的中国名酒多是以高粱米为主料或辅料酿制而成的。

高粱酒

高粱天然色素

经过多年的研究，从高粱壳中提取色素的技术已经被应用于大规模生产，提取的多种色素产品已经被应用到食品、化妆品、医药等多个领域。这些色素具有原料丰富、价格便宜、产量大、色泽自然、安全可靠的优点。

五、食用注意

高粱的皮层中含有鞣酸和蜡质，过量食用会妨碍人体对食物的消化吸收，易引发便秘。

传说故事

“窝窝进士”

仲永檀出生不久，他的父亲便因病去世。母亲带着他艰难度日，到同龄孩子上私塾的时候，仲永檀也嚷嚷着要去。母亲流着眼泪说：“上学得一石二斗粮食，咱一年收不了二斗粮，怎么上得起呀！”懂事的仲永檀嘴上不再提上学之事，但却偷偷跑到泗河崖私塾的屋外偷学。

有一天，他被私塾先生发现了。一番盘问之下，仲永檀只好如实回答，说着说着不禁泪流满面。私塾先生起了怜悯之心，便好心问道：“你都偷学了些什么啊？”

仲永檀说：“《三字经》《百家姓》《千家文》都已学会，正学读《诗》《书》二经。”私塾先生大吃一惊，不敢相信，就问了几个问题，仲永檀都能对答如流。私塾先生赞叹不已，说道：“以后别偷学了，粮食不用交，吃饭我管着！”

过了几年，乾隆登基。恰逢大考之年，乾隆认为要治理好国家必须任人唯贤，特别注重选拔贤能的人。仲永檀决定抓住这个机会，进京赶考。可家乡到京城千里之遥，如何去得？于是，仲永檀的母亲用小磨将借来的高粱碾成细粉，加上盐和葱花，做成精致的窝窝头。计算好行程要十五天，每天四个窝窝头，一共蒸了六十个窝窝头，装了一布袋便送儿子上路了。

可是没想到路上仲永檀遭人算计，重病一场，还差点丢了性命。更严重的是，仲永檀错过了考试的时间。万念俱灰之时，仲永檀想一死了之，可是又觉得对不起含辛茹苦的母亲。就在此时，一位骑着白马穿着长衫的年轻人伸出了援助之手，安排仲永檀住下，并且说：“举子莫要悲伤，我乃王公贵胄。

你若有真才实学，就以你随身携带的窝窝为文，我可献于当今圣上。”

仲永檀凝神沉思，笔走龙蛇，写下了脍炙人口的《窝窝赋》，而那位年轻人，正是刚刚登基的乾隆皇帝，他主张补录仲永檀为第三百六十一位进士。仲永檀因窝窝头改变命运，成了留名青史的“窝窝进士”。

薏苡仁

伏波饭薏苡，御瘴传神良。
能除五溪毒，不救谗言伤。
谗言风雨过，瘴疠久亦亡。
两俱不足治，但爱草木长。
草木各有宜，珍产骈南荒。
绛囊悬荔支，雪粉剖桄榔。
不谓蓬荻姿，中有药与粮。
春为芡珠圆，炊作菰米香。
子美拾橡栗，黄精诳空肠。
今吾独何者，玉粒照座光。

——《薏苡》（宋）苏轼

一、物种本源

拉丁文名称，种属名

薏苡仁为禾本科、薏苡属一年或多年生草本植物薏苡（*Coix lacryma-jobi* L.）的种仁，又名薏米、起实、药玉米、六谷米、菩提珠、水玉米、草鱼目、尿珠子、尿塘珠、鬼珠箭、草菩提、厂子等。

形态特征

薏苡仁呈宽卵形或长椭圆形，长4~8毫米，宽3~6毫米。表面光滑，乳白色，偶有残存的黄褐色种皮。一端钝圆，另一端较宽而微凹，有一个淡棕色点状种脐。背面圆凸，腹面有一条较宽而深的纵沟。质坚实，断面白色，粉性。

薏苡仁植株

薏苡仁有两种：一种圆而壳厚坚硬者，即菩提子，又名菩提珠，自古农人用线串成串珠，作斗笠或帽系带以挡汗水湿而常用之。一种黏牙而壳薄者，即薏苡也，其米仁色白如糯米，可做粥、饭及磨面食，亦可同米酿酒。

习性，生长环境

薏苡仁主产于福建浦城、河北安国、辽宁辽阳，以福建、河北产质量为好，福建产者称“蒲米仁”，辽宁产者称“关米仁”。

二、营养及成分

每100克薏苡仁主要营养成分见下表所列。

碳水化合物	71.1克
蛋白质	12.8克
脂肪	3.3克

薏苡仁中含氨基酸的种类有亮氨酸、精氨酸、赖氨酸、酪氨酸等，含有机酸的种类有硬脂酸、软脂酸、肉豆蔻酸、油酸、亚油酸等，含矿物质元素有磷、钙、镁、锰、铁、铜、锌等，还含有维生素B_1、三萜化合物等。

三、食材功能

性味 味甘、淡，性微寒。

归经 归脾、胃、肺经。

功能

（1）薏苡仁能健脾、补肺、清热、利湿。对泄泻、湿痹、筋脉拘挛、屈伸不利、水肿、脚气、肺萎、肠痛、淋浊等有协助治疗的功效。

（2）现代临床研究表明，薏苡仁中薏苡素具有降压、镇静、镇痛、解热、降血糖等作用，对疾病有良好的辅助疗效。

四、烹饪与加工

薏苡仁面条

（1）材料：薏苡仁粉、芭蕉芋淀粉、小麦粉、明日叶汁、黄原胶、盐等。

（2）做法：将上述材料混合，和面。获得的薏苡仁面条表面光滑，富有弹性，断条率和溶出率低，口感细腻，营养丰富且具有保健功能。

薏苡仁烘焙食品

经膨化、发芽等预处理的薏苡仁粉可用于制作薏苡仁饼干、蛋糕、面包等烘焙食品，产品的风味独特，营养丰富，老少咸宜。

薏苡仁茶

小火烘炒未脱壳的薏苡仁约30分钟至香而不焦为止，冷却后贮存备用，饮用时加红枣、玉米等，与水煮开后小火续煮3分钟，过滤后当茶饮用，味道甘醇。此茶对皮肤病、心脏病都有一定疗效。

薏苡仁茶

玉米薏苡仁饮料

将玉米汁同薏苡仁汁混合，加

入蔗糖，酶解、糖化后过滤、灭菌制成玉米薏苡仁饮料。该饮料口感优良、风味独特、质量稳定、营养丰富并且具有美容保健效果。

五、食用注意

（1）便秘者应少食或者不食薏苡仁。

（2）薏苡仁有收缩子宫的功能，孕妇慎食，防止流产。

（3）薏苡仁有利水之功，故有遗尿症者应少食或不食。

传说故事

薏苡明珠

在“山水甲天下”的广西桂林漓江边，有一处“伏波胜境”。这伏波山下的还珠洞，流传着一个生动有趣的故事。

据说，东汉光武帝建武十八年（公元42年），马援被授命为伏波将军，率领大军开赴交趾讨伐叛乱。大军到了交州府东关县一个名叫浪泊（今广西境内）的地方，由于地处南疆，北方将士水土不服。加之天气炎热，很多人都染上了一种手足麻木、全身浮肿的“瘴气”怪病。

正当马援急得不知所措时，浪泊老百姓送来了当地的一种草药种子——赣球（薏苡），让全军将士服食。说来也真是神奇，就在将士们服食薏苡仁后不久，奇迹便出现了，疫情一下子得到了控制，将士们全部康复。自此，士气大涨，一举平定了叛乱。

马援将军对薏苡仁有如此神功，甚为惊奇。他认为薏苡仁能“轻身胜瘴气”，于是在大军凯旋之时，便用船装载了一些薏苡仁种子运回京城，准备在京郊播种繁殖，以供日后为更多的人解除痛苦。

途经桂林时，船停靠于漓江边一座依水而立的山亭旁。岸上的人看到船上载着形似圆润珍珠的颗粒，就诬说马援贪赃枉法，在广西搜刮了大量合浦珍珠以中饱私囊。马援受此污辱非常气愤，他命士兵打开船舱，将薏苡种子公之于众，然后全部倒入江中。

后来，人们为了纪念这位英勇善战、秉公廉洁的将军，把当年停船的山定名为“伏波山”，山下的岩洞则取名为“还珠洞”。从此，广西的“伏波山”和“还珠洞”因马援将军的威名及传奇故事，成为名扬中外的旅游景点。

藜麦

积雨空林烟火迟，蒸藜炊黍饷东菑。
漠漠水田飞白鹭，阴阴夏木啭黄鹂。
山中习静观朝槿，松下清斋折露葵。
野老与人争席罢，海鸥何事更相疑。

——《积雨辋川庄作》（唐）王维

一、物种本源

拉丁文名称，种属名

藜麦（*Chenopodium quinoa* Willd.），藜科、藜属植物，又称南美藜、奎藜、藜谷、灰米等。

形态特征

藜麦植株成熟后穗部类似高粱穗，可呈红、紫、黄色。植株大小受遗传因素及环境的影响较大，高从0.3米至3米不等。茎部质地比较坚硬，可分枝也可不分枝。单叶互生，叶片呈鸭掌形状，叶缘分为全缘型和锯齿缘型。花序呈伞状、圆锥状、穗状。种子较小，呈小圆药片状，直径1.5~2毫米，千粒重1.4~3克。

习性，生长环境

藜麦原产于南美洲安第斯山脉的哥伦比亚、厄瓜多尔、秘鲁等中高海拔山区，具有一定的耐旱、耐寒、耐盐性，最适宜的生长地为海拔3000~4000米的高原或山地。

二、营养及成分

藜麦是一种全营养完全蛋白碱性食物，其蛋白质含量与牛肉相当，其品质也不亚于动物蛋白。藜麦所含氨基酸种类丰富，除了人类所需的必需氨基酸，还含有许多非必需氨基酸，特别是富含多数作物没有的赖氨酸，并且含有种类丰富且含量较高的矿物质元素，以及多种人体正常代谢所需要的维生素，不含胆固醇与麸质，糖、脂肪含量与热量都属于较低水平。

三、食材功能

性味 味甘、咸，性凉。

归经 归胃、脾、肾经。

功能

（1）藜麦主养肾气，去胃脾中热，益气。

（2）中医认为藜麦有清热解渴和健胃安眠等功效，多食藜麦可以维持肠道健康，促进消化吸收。

（3）藜麦中的膳食纤维能够很好地延缓人体对碳水化合物的吸收速度，可平稳血糖，在降低糖尿病发生率方面的作用非常明显。

（4）藜麦当中的膳食纤维能够刺激肠道蠕动，起促进排便的作用。

四、烹饪与加工

藜麦粥

（1）材料：藜麦、盐等。

（2）做法：先烧开水然后放入藜麦，煮沸后取汁，再加入适量的盐，稍煮，即可食用。

藜麦粉

藜麦经过除杂、加水浸泡、清洗、高温干燥、研磨成粉、灭菌、包装等工艺可制成藜麦粉，生产出来的藜麦粉也可以加进其他食品中以改善其风味。

藜麦酒

将藜麦进行浸泡，倒掉水，上蒸笼蒸5分钟左右，至七八成熟关火，自然冷却后加入甜酒曲。加入一杯凉开水，用勺子轻轻将米压实，中间压一个小窝，盖上盖子，静待一个星期左右即可。

五、食用注意

（1）患有严重肠胃疾病的人群不宜食用藜麦，否则会加重肠胃负担。

（2）藜麦具有降血糖的功效，所以患有低血糖疾病的人群不宜食用。

（3）藜麦表面含有一种微毒的成分——皂素，因此忌不洗直接煮食。

传说故事

藜麦变身“唐僧米”

曾经有这么一个故事：一位著名的厨师以藜麦为主料做成了一道滋补美味的菜肴，菜名为“唐僧米”，因其菜名新奇加上味道和营养俱佳，食客如云。

之所以有这样的名字，第一个原因是唐僧只吃素食，传说中又能长生不老，而藜麦的原产地是世界长寿地区之一，那里的人都以藜麦这一素食为主食，把藜麦叫作唐僧米是希望吃藜麦的人都能像唐僧一样长寿。

第二个原因是《西游记》中传说人吃了唐僧肉就会长生不老，而藜麦是世界公认的优秀的长寿食物之一，所以藜麦就如同唐僧肉一般可使人吃了长寿。

甜荞麦

霜草苍苍虫切切，村南村北行人绝。
独出前门望野田，月明荞麦花如雪。

——《村夜》（唐）白居易

一、物种本源

拉丁文名称，种属名

甜荞麦为蓼科、荞麦属荞麦（*Fagopyrum esculentum* Moench.）的一种，又名乌麦、三角麦、花荞、甜荞、翅荞和米荞麦。我国栽培的荞麦主要分为普通荞麦和鞑靼荞麦，前者为甜荞麦，后者为苦荞麦。

形态特征

甜荞麦茎直立，高30~90厘米，上部分枝，呈绿色或红色，具纵棱。叶为三角形或卵状三角形，长2.5~7厘米，宽2~5厘米，顶端渐尖，基部心形。以角棱直、呈褐色光泽、不破粒者为佳。

习性，生长环境

甜荞麦喜凉爽、湿润的气候，不耐高温、大风，畏霜冻，喜日照，需水较多。

甜荞麦植株

甜荞麦作为我国原产谷物之一，已有2500多年的种植史。我国甜荞麦主要分布在内蒙古、陕西、甘肃、宁夏、山西、云南、四川、贵州等地。

二、营养及成分

每100克甜荞麦米主要营养成分见下表所列。

碳水化合物	66.7克
蛋白质	9.3克
膳食纤维	6.5克
脂肪	2.3克

此外，甜荞麦米还含维生素B，维生素E，铬、磷、钙、镁、铁、锌、硒、硼、钴等元素，并富含氨基酸、亚油酸、总黄酮、芦丁等。

三、食材功能

性味 味甘，性凉。

归经 归脾、胃、大肠经。

功能

（1）甜荞麦米提取物中的儿茶素–表儿茶素聚合体具有一定的抗氧化作用。

（2）从甜荞麦米中分离得到的生物活性多肽对血管紧张素转化酶有很强的抑制作用，具有降血压作用。

（3）甜荞麦花中的总黄酮能明显降低血糖浓度，抑制血浆、肾脏中果糖胺的生成及体内外蛋白质非酶糖基化终产物的形成，降低血糖。甜荞麦米浓缩物中的右旋手性肌醇也具有很强的降血糖作用。

（4）甜荞麦花、叶及种子中的总黄酮能降低体内三酰甘油、低密度脂蛋白的含量，提高高密度脂蛋白的含量，能预防高胆固醇血症和肥胖症的发生。

四、烹饪与加工

甜荞麦糊

（1）材料：甜荞麦细末（荞麦面）、红糖等。

（2）做法：将甜荞麦细末炒香，加水加红糖煮成稀糊即可。

甜荞麦红糖烙饼

（1）材料：甜荞麦、红糖等。

（2）做法：将荞麦磨粉后筛去壳，加红糖烙饼。

甜荞麦杂豆蛋糕

将甜荞麦粉和其他杂豆粉、鸡蛋、白砂糖、油、食盐、水、泡打粉、奶粉等原辅料混合，经过面团（糊）的调制、成形、烘烤和冷却得到甜荞麦杂豆蛋糕。其营养丰富，质地柔软，富有弹性，具浓郁香味，易消化，深受消费者的喜爱。

甜荞麦挂面

将甜荞麦粉、小麦粉、魔芋微细精粉及复合添加剂等原辅料计量配比后，经过预糊化、和面、熟化、复合压延、切条、干燥、切断、计量、包装后得到甜荞麦挂面。所制得的荞麦面色泽光亮，咀嚼时富有弹性，营养丰富，具有独特的荞麦清香味，老少咸宜。

甜荞麦挂面

五、食用注意

（1）脾胃虚寒者忌服甜荞麦米。

（2）体虚气弱者忌久食甜荞麦米。

（3）甜荞麦米含红色荧光色素，部分人食用后会产生光敏感症（荞麦病）。

（4）甜荞麦米一次不可食用过多，否则易造成消化不良。

（5）甜荞麦米口感较粗糙，烹调时宜加些大米，能让其口感变得滑软一些。

传说故事

荞麦叶为什么是红色的？

相传，五谷神到凡间视察。看到五谷杂粮为了长好身体、结好果实、供应人间，都在勤苦干活，五谷神很满意。他想：我还得考验考验它们，看谁更能吃苦耐劳，我就让它早点享福。

想到这里，他摇身变成一个白发银须的老人，步履蹒跚地走到一条河边，叫了起来：“哪位哥儿，做做好事，驮我过这条河？”可是叫了好多声，也没人理睬他。

于是他走到大麦面前，恳求说：“大麦哥哥，做做好事吧！这河上无桥无船，我这么大年纪了，自己过不去，求求你驮我过河。”

大麦说：“那会把我冻死的，你去找它们吧！”五谷神用同样的方法求元麦，元麦也摇摇头，怕冷不肯送他过河。

他又去求小麦，小麦说：“我个子小，皮肤又嫩，我受不了冻的。”

这时，在一旁的荞麦听见了，生气地说：“你们这些怕死鬼，你们不驮，我驮！”它立即脱掉衣服，驮起老人就过了河。

老人上岸一看，荞麦全身都冻红了，激动得热泪满眶，忙说：“你吃苦了，不怕冷驮我过河。你勤劳勇敢，乐于助人，以后冬天你就免冻了。当年种，当年收。他们三麦是怕死鬼，今秋种，来夏收，非冻它们一冬一春，再脱芒胎！”

因为荞麦耐旱，生长期又短，自宋太宗开始历代皇帝都下诏广种荞麦，以防饥荒之年。甚至皇帝们自己也要在重阳节前一天吃一次荞麦，以表示关心民间疾苦。

苦荞麦

谷中偏早熟，济歉未渠厌。
农舍勤相馈，盘飧得共沾。
羊肝堪比色，蜂蜜已输甜。
苦尽甘来语，于兹亦可占。

——《食苦荞糕》
（元）蒲道源

一、物种本源

拉丁文名称，种属名

苦荞麦［*Fagopyrum tataricum*（L.）Gaertn.］为蓼科、荞麦属一年生草本植物，别名为菠麦、乌麦、花荞、鞑靼荞麦、芦丁苦荞麦等。

形态特征

苦荞麦与甜荞麦是我国栽培的两种常见荞麦，二者株高、外形基本相似。苦荞麦以籽粒饱满、滑润者为佳。苦荞麦茎直立，高30~70厘米，分枝，有细纵棱，一侧具乳头状突起；叶宽呈三角形，下部叶具长叶柄，上部叶较小，具短柄；果实为瘦果长卵形，长5~6毫米，具3棱及3条纵沟，上部棱角锐利，下部棱圆钝，具波状齿，黑褐色，无光泽。

苦荞麦植株

习性，生长环境

我国有野生苦荞麦，东北、华北、西北、西南地区也栽培苦荞麦，以四川大凉山苦荞麦最为著名，已有1200多年的栽培史。苦荞麦喜凉爽、湿润的环境，不耐高温和干旱，畏霜冻。

二、营养及成分

每100克苦荞麦主要营养成分见下表所列。

碳水化合物	60.2克
蛋白质	9.8克
膳食纤维	5.7克
脂肪	2.6克

苦荞麦还含有维生素B_1，维生素B_2，维生素B_3，维生素C，维生素E，维生素P，铬、硒、钙、镁、锌、铜、钾、钠、锰等矿物质元素，黄酮，水杨酸，4-羟基苯甲胺等。其中，维生素P是苦荞麦中含量较高且较为独特的成分。

三、食材功能

性味 味苦，性平、寒。

归经 归脾、胃、大肠经。

功能

（1）降低血脂和胆固醇。苦荞麦中所含的亚油酸、维生素B_3和维生素P等物质对降低人体血脂、胆固醇及保护血管、视力均有显著效果。

（2）预防糖尿病。苦荞麦中所含的铬元素能促进人体的葡萄糖代谢，是预防、治疗糖尿病极好的天然食品。

（3）抗脑血栓。苦荞麦中所含的硒、镁等元素能促进膳食纤维溶解，扩张人体血管，抑制凝血块的形成，具有抗脑血栓的功效。

（4）其他作用。苦荞麦富含生物类黄酮，有抑菌、抗病毒、消炎、止咳、平喘、祛痰的作用，适用于面部生疮、须疮、毒肿、秃斑、白癜风及白内障患者的食疗康复，还可预防和改善高血压、便秘、肠出血、动脉粥样硬化，以及延缓衰老。

四、烹饪与加工

苦荞茶

经过脱壳、晾晒、烘干等工艺制作而成的代用苦荞粮食茶，含人体所需的钙、磷、铁、镁、硒等多种元素，长期饮用可降低高血糖、高血压、高血脂的发病率，能有效防治糖尿病，是中老年人理想的功能饮品。

苦荞麦面包

将一定量苦荞麦面粉添加到小麦粉中，配以面包改良剂、无糖甜味剂和脱脂奶粉，改善苦荞麦的苦涩感，制成口感特殊、清香宜人、营养丰富、功能独特的苦荞麦面包，可作为糖尿病患者的食疗佳品。

苦荞麦面条

小麦粉、苦荞麦面粉和食盐水经过和面、面团醒置、压延、切条、干燥等工艺制作而成的苦荞麦面条，能保持苦荞麦的营养成分和保健功能。

苦荞麦面条

苦荞麦醋

以苦荞麦面粉为原料，采用液态回流发酵法酿制的苦荞麦醋，因保留了苦荞麦中芦丁、槲皮素等功能性成分，所以具有抗氧化的保健功效。

五、食用注意

（1）苦荞麦一次不宜多食，也不宜久食，胃寒者不宜食用，以防止消化不良。

（2）苦荞麦茶应在饭后饮用。饥饿时饮用苦荞麦茶会加重饥饿感，对于低血糖人士，会出现血糖下降的不适症状。

（3）苦荞麦中含有红色荧光素，部分人食用后易产生光敏症，表现为耳、鼻等缺乏色素部位发炎、肿胀，出现咽炎、支气管炎等症状。

（4）黄疸病人应禁食苦荞麦。

传说故事

药锅里煎出苦荞麦

很久很久以前，荞麦并没有苦荞麦与甜荞麦之分，全部是甜荞麦。那苦荞麦是怎么来的呢?

四海龙王掌管兴云降雨，但是他们安于享乐，守职不力，不体察民间疾苦，致使天下大旱三年。人间哀鸿遍野，饿殍满地，俨然变成了地狱。玉皇大帝得知后龙颜震怒，一面降旨责罚龙王，一面思量如何拯救人间生灵。他想到荞麦不仅耐旱，而且当年种当年收。于是命五谷神从天庭种粮库调出大量荞麦种，撒入人间帮助人们度过饥荒。

可是降落人间的荞麦种没有如数落入田间，有一小部分飘落到药王孙思邈煎药用的砂锅中。药王勤心煎药，无暇多虑，就从煎药砂锅中一粒粒捞起来，不厌其烦地甩向远方，没想到也都悉数落入田中。

从此，在煎药砂锅中浸泡过的荞麦种子，长出来的就是苦荞麦；未落入煎药砂锅里的荞麦种子，长出来的就是甜荞麦。虽然甘苦不同，但是都能充饥果腹，亦能治病养生，都在人类历史长河中扮演了重要角色。

黑豆

连朝淹黑豆，黑豆已萌芽。
满地天风起，吹开劫外花。

——《偈颂一百二十三首（其七十一）》
（宋）释祖钦

一、物种本源

拉丁文名称，种属名

黑豆为豆科、大豆属大豆［*Glycine max*（L.）Merr.］的一种，又名橹豆、料豆、乌豆、零乌豆、马料豆、冬豆子、大菽等。

形态特征

黑豆呈卵圆形，黑色。植株的根茎直立，覆有黄色的长硬毛。荚果呈长方披针形，一般长为5~7厘米，宽为1厘米左右，覆有黄色的长硬毛。

习性，生长环境

黑豆的花期一般为每年的8月，果期一般为每年的10月。

黑豆原产自我国黑龙江、吉林、辽宁以及安徽，现今在河南、山东、陕西、河北、江苏等地都有广泛种植。

二、营养及成分

每100克黑豆主要营养成分见下表所列。

蛋白质	37克
碳水化合物	24克
脂肪	16克
膳食纤维	11克

黑豆中所含的脂肪主要为不饱和脂肪酸，人体吸收率高达95%，不仅可满足人体对脂肪的需要，还有降低血液中胆固醇的作用。黑豆中还含有丰富的维生素A、维生素B_1、维生素E、大豆异黄酮、花色苷、单

宁、卵磷脂，以及钙、磷、铁等矿物质元素。

三、食材功能

性味 味甘，性平。

归经 归脾、肾经。

功能

（1）黑豆可入药也可食用，对水肿胀满、黄疸浮肿、风毒脚气、遗精盗汗、头昏目眩、消渴腰痛、产后诸病等有食疗促康复的效果。

（2）黑豆内所含的植物性固醇可与其他食物中的固醇类相互竞争吸收，从而加速粪便中固醇类的排出，避免过多胆固醇堆积在体内，可预防动脉血管硬化。

（3）黑豆富含维生素E、花青素及异黄酮，这些成分具有抗氧化作用。维生素E能捕捉自由基，成为体内最外层防止氧化的保护层。黑豆种皮释放的花青素可消除体内自由基，且在酸性（胃酸分泌时）状态下抗氧化活性更好。异黄酮还可预防骨质疏松与抗氧化。

（4）黑豆中含有粗纤维及寡糖。粗纤维可帮助肠道蠕动，有利于缓解体内胀气与促进毒素排出，改善便秘。寡糖有利于双歧杆菌的增殖，从而改善肠内菌群环境。

（5）黑豆中的不饱和脂肪酸在人体内能转化为卵磷脂，卵磷脂是形成脑神经的主要成分。黑豆中所含的矿物质，如钙、磷等，皆可预防大脑老化迟钝，有健脑益智的作用。

四、烹饪与加工

黑豆酱油

黑豆经过浸泡、蒸煮、接种、制曲、发酵、淋油、暴晒、沉淀、灭菌、过滤等步骤可得到黑豆酱油。

黑豆酱油

醋泡黑豆

将清洗干净并且晾干的黑豆倒入炒锅中，中火翻炒，大约5分钟后可闻到豆香味，并听见“啪啪”的声音，待黑豆爆皮结束，转至小火再翻炒5分钟；然后，放入容器中，于通风处晾凉。将晾凉后的黑豆倒入有盖子的容器内。最后，倒入陈醋（没过豆子），待黑豆把陈醋全部吸收，即可食用。还可以加上蜂蜜等调节口味。

醋泡黑豆

五、食用注意

（1）脘腹胀满者和消化不良者慎食黑豆。

（2）黑豆中含有血球凝集素，会使血液凝固异常，严重时还会引起血管堵塞，但高温可破坏血球凝集素。因此，黑豆必须煮熟或炒熟，不可夹生食用。

（3）黑豆中含有的嘌呤碱会加重肝、肾的代谢负担，因此，肝、肾器官有疾患者，应少食或不食黑豆。

传说故事

黑豆的来历

传说很久以前，在姚丘有户人家，男人叫瞽叟，娶了个媳妇叫握登，生了个天生双瞳仁的儿子，取名叫重华。媳妇病死后，瞽叟继娶了一个媳妇，又生下一个儿子，名叫象。继母心胸狭窄，弟弟象好吃懒做又不讲道理，重华在家常受虐待。

一天，继母想了个坏主意，叫重华和象一起到西北的历山上去种豆子。临出门时，继母交给两个儿子每人一袋豆种，恶狠狠地说："谁种的豆子长出豆苗就回家来，谁种的豆子长不出苗就死在外边别回来了。"兄弟二人带着干粮和各自的豆种离开家，来到历山。带的干粮吃完了，兄弟两个就只好吃袋子里的豆籽。

大儿子重华越吃越香，二儿子象越吃越难吃。弟弟抢来哥哥的豆子，一尝的确比自己的好吃，就要和哥哥更换。善良的哥哥同意了弟弟的请求。两人吃饱以后，就去历山上种豆子。

没多久，哥哥重华种的豆子全部长出了豆苗。而弟弟种的豆子，过了半个月还是不出苗。弟弟害怕极了，哥哥重华双膝跪在历山上，祈求上天神灵保佑弟弟，重华双目一落泪，天上竟下起了雨，低头再看弟弟的豆苗长满一地。兄弟两个千恩万谢后回家了。

秋天豆子长成后，收回家才发现豆籽有的是黑色，有的是黄色，原来熟豆子长出的是"黑豆"，生豆子长出的是"黄豆"。从此，豆子有了"黑豆"和"黄豆"之分。

黄豆

歇处何妨更歇些，宿头未到日头斜。
风烟绿水青山国，篱落紫茄黄豆家。
雨足一年生事了，我行三日去程赊。
老夫不是如今错，初识陶泓计已差。

——《山村二首（其一）》
（宋）杨万里

一、物种本源

拉丁文名称，种属名

黄豆，别名黄大豆、泥豆，为豆科、大豆属大豆［*Glycine max*（L.）Merr.］的一种，古代称作菽。

形态特征

黄豆植株一般高30~90厘米。茎部粗壮，直立，密被褐色的硬毛。黄豆果实很大，稍稍弯曲，下垂且呈黄绿色，表面密被褐黄色的长毛。种子一般有2~5颗，一般为椭圆形，种皮非常光滑，成熟黄豆种子为黄色。

习性，生长环境

黄豆的花期一般为每年的6—7月，果期一般为每年的7—9月。黄豆原产于我国，是我国非常重要的粮食作物之一，有几千年的栽培历史。东北及安徽是我国大豆的主产区。现在世界各地广泛栽培。

二、营养及成分

黄豆含有大量的蛋白质、糖类、脂肪及氨基酸，还含有亚油酸、棕榈酸、油酸等。此外，黄豆中还含有维生素A、胡萝卜素、维生素B_1、维生素B_2、维生素E、大豆异黄酮以及钙、磷、钾、钠、镁、铁、锌、硒、铜、锰、碘等成分。

三、食材功能

性味 味甘，性平。

归经 归脾、胃、大肠经。

功能

（1）黄豆具有健脾、益气宽中、润燥消水等作用，可用于辅助治疗脾气虚弱、消化不良、疳积泻痢、腹胀羸瘦、妊娠中毒、疮痛肿毒、外伤出血等症。

（2）黄豆蛋白质中氨基酸的组成与动物蛋白极为相似，接近人体所需氨基酸的比值，容易被机体消化和吸收，进而增强机体的免疫力。

（3）黄豆中膳食纤维的含量较高，在用黄豆制作豆浆的时候，豆渣往往被废弃，其实豆渣中富含的膳食纤维可以对人体的消化和吸收起到促进作用，加速肠胃蠕动，加速身体中废物的排泄，防止便秘。

（4）女性经常食用黄豆有利于肌肤的健康和美白，黄豆中所含的亚油酸可以有效地阻止皮肤细胞中黑色素的生成，能延缓皮肤衰老，同时还可以缓解更年期综合征。

（5）黄豆中含有的脂肪酸大多为不饱和脂肪酸，不饱和脂肪酸容易被人体吸收，且黄豆脂肪可以抑制机体对胆固醇的吸收，对于高血脂和动脉粥样硬化的患者来说，黄豆是一种理想的营养食品。

四、烹饪与加工

黄豆酱

（1）材料：黄豆、花椒、茴香、八角、红椒、食盐、生姜、面粉等。

（2）做法：将黄豆清洗后，用清水浸泡使其发胀，然后蒸熟至糊状，再将豆料倒在席上，与适量面粉混合搅拌均匀，然后放入缸内，加入盐、生姜等配料，搅拌均匀；用薄膜或玻璃封住缸口，防止雨水和细菌入侵导致变质，让其在阳光下晒40～50天，中间不断上下搅拌，即得成品。

豆腐

黄豆先用冷水浸泡一晚，吸收充足的水分。用搅拌器将水与黄豆按体积与质量比为2：1打成豆浆。黄豆打得越细，豆浆才越浓。用滤布或筛子将刚打好的豆浆过滤，倒入锅中进行加热。过滤的豆渣用容器装好，留作他用。豆浆煮开后漂去泡沫，将锅取下来，静置5分钟左右，黄豆与熟石膏粉的体积比例大概为60：1，将熟石膏粉用少量的冷水调和，使用大汤勺匀速不停地顺着一个方向搅拌豆浆，同时将石膏水缓慢地倒入豆浆中（不能停止搅拌），直到豆浆开始变稠，有絮状物出现，停止搅拌。

豆　腐

五、食用注意

（1）黄豆中含有的棉子糖与水苏糖在被人体消化与吸收的过程中会产生大量的气体，从而造成肚子胀气，因此有慢性消化道疾病或者消化功能欠佳者应尽量少食黄豆及其相关制品。

（2）黄豆中含有抗胰蛋白酶和凝集素，生食后可能出现胀肚、拉肚子、呕吐、发烧等不同程度的食物中毒症状。因此黄豆及豆浆须煮熟或炒制后才可食用。

三十个烘炉换三十升黄豆

在民间有个关于黄豆的传说故事，说有一年的腊月二十四，王师傅被老婆赶出家门，让他去乡下买黄豆，顺便讨账。临出门时，王师傅随身带着斧头、锯子、凿子和木钻，他这样做的目的是方便别人。王师傅顺着路走了近十里，都没有卖黄豆的。天无绝人之路，王师傅终于打听到一户人家有黄豆。

王师傅便找上有黄豆的人家，女主人说："我家有黄豆，但是不卖，如果你愿意给我家做烘炉，我可用黄豆算作工钱，你觉得怎么样?"

"行，工钱怎么算?"

"你做一个烘炉，我便给你一升黄豆，如何?"

"你要几个烘炉?"

"随你做，你做多少烘炉，我给你多少黄豆。"

"只要你家有树木，我就可以做，到时候可别后悔我做的太多了。"

"我知道一个时辰可以做三个烘炉，有的师傅两天只能做三个，我大胆地说，你一天顶多做十来个吧。"

王师傅笑着说："你别太小看我了。你去准备好铁丝，还有干竹筒。"

"我说过的，你在一天内做多少烘炉，我便给你多少黄豆。"

王师傅立即上楼，找来了很多木料，女主人见了忙说："你找这么多的木料干啥，你要是糟蹋了我家的树木，我是要找你算账的，到时候可别怪我不讲情面。"

"你放心，我怎敢干缺德的事，不用的我都给你留着。"

王师傅一下子将做烘炉的木料锯了一大堆，女主人见了，心里想：到时候用不了那么多的木料，我不仅不给你一粒黄豆，你还得赔损失。

吃过早饭，王师傅正式准备动手做烘炉的板子，一段木头，在他的手里几下子就变成了几块板子，女主人看得都傻眼了。

吃中饭前，王师傅就已经将烘炉的材料全都准备好了。

下午，王师傅动手给每块木板打上眼，上过竹楔，随后组装，上铁丝圈，最后是给每个烘炉进行刨光。

太阳落山前，王师傅让女主人挨个检验每个烘炉的质量，不合格的当场进行销毁，他赔损失。

女主人仔细检查过每一个烘炉后，根本查不出一点毛病，便说：“你做得非常好！”她又说道：“王师傅，你真是个神人，干活非常快，如果不是我亲眼所见，打死我我也不会相信你一天能做出这么多烘炉。”

“我说过的，我不会做缺德的事。我不能为了多换取黄豆，做烘炉就不讲质量了，说实话，我也怕糟蹋了你家的木料，赔偿损失不说，自己将来怎样向别人交待？现在我也放心了。”

女主人激动地说道：“王师傅有德也有才，手艺更是好，我佩服，我这就去给你拿黄豆。”

王师傅回到家，天已经黑了，老婆不高兴地说道：“你今天买黄豆挺不容易的，到现在才回家，花了多少钱？”

“没花钱，我做了三十个烘炉，换了三十升黄豆。”

这就是三十个烘炉换三十升黄豆的故事。

赤豆

秋分斫早谷，寒露斫晚稻。
寒露无青禾，霜降一齐倒。
小暑一声雷，四十五日到黄梅。
小暑一条吼，拔下黄秧种赤豆。

——《物候》（清）王润生

一、物种本源

拉丁文名称，种属名

赤豆［*Vigna angularis*（Willd.）Ohwi et Ohashi］，豆科、豇豆属植物，又名红豆、赤小豆、红小豆、杜赤豆、米赤豆、茅柴赤、米赤、猪肝赤、红饭豆、饭赤豆、赤菽、金红小豆等。

形态特征

红豆籽粒通常呈暗红色或其他颜色。植株茎秆细弱，且多分枝。荚果呈长圆形，果瓣革质，待成熟时开裂，一般有2~6粒种子。种子呈椭圆形，平滑且具有光泽。

习性，生长环境

花期一般为每年的3—6月，果期一般为每年的9—10月。

红豆植株根系发达，有根瘤，能固定大气中的游离氮；抗风能力强，生长较快，对土壤的要求不严，耐干旱；阳性植物，喜好强光。红豆原产于亚洲，广泛分布于热带地区。我国的红豆主要栽培区在江苏、陕西、广西等地。

二、营养及成分

每100克红豆部分营养成分见下表所列。

蛋白质	22克
粗纤维	5克
脂肪	1克
钾	900毫克

磷	400毫克
镁	140毫克
钙	80毫克
铁	50毫克
维生素B_3	2毫克
锌	2毫克
维生素B_1	0.5毫克
维生素B_2	0.2毫克

红豆含有多种醇类和糖类物质，如胆甾醇、菜油甾醇、槐花二醇、半乳糖、阿拉伯糖、木糖、多糖等。红豆中还含有丰富的花青素、黄酮类以及类黄酮类物质，如荭草素、异荭草素、木樨草素等。

三、食材功能

性味 味甘、酸，性平，微温。

归经 归心、小肠、肾、膀胱经。

功能

（1）红豆清热解毒、健脾益胃、利尿消肿、通气除烦、通乳，对治疗水肿胀满、脚气浮肿、黄疸赤尿、风湿热痺、痈肿疮毒、肠痈腹痛有一定的效果。

（2）除传统药食功效外，红豆煎剂对金黄色葡萄球菌、福氏痢疾杆菌及伤寒杆菌均有抑制作用，红豆中还能提制出一种可食用的粉状红色素，并被命名为“赤豆红色素”。

（3）红豆含有丰富的膳食纤维，可促进肠道蠕动，改善习惯性便秘。

（4）红豆含有一定量的铁元素，该元素是血红蛋白的成分，因此食用红豆对贫血、轻微头晕有很好的改善效果。

| 四、烹饪与加工 |

红豆沙香粽

（1）材料：红豆沙、糯米、糖、粽叶等。

（2）做法：将粽叶浸泡后煮半个小时，沥干水分；糯米淘净沥干，将红豆沙与糖混匀，加入糯米，包成粽子；于电饭煲中先煮3个小时再焖2个小时，即可食用。

红豆沙香粽

红豆还可以磨成红豆粉末，加入牛奶或者粥中，增添口感。红豆与芝麻、薏苡仁、白砂糖可以制成红豆薏仁酥糖。

| 五、食用注意 |

脾胃虚寒者不宜食用红豆。

传说故事

宋仁宗与红豆

北宋仁宗年间的一个春天，皇帝赵祯一日起床时觉得耳下两腮部位发酸，有些隐隐作痛，用手一摸，感到肿胀，于是唤来御医。御医跪地给赵祯把脉后，又细细地察看了两腮，而后奏道："陛下此症，名谓痄腮（腮腺炎），乃风湿病毒，由口鼻而入所致。当以普济消毒饮内服，如意金黄散外敷，保龙体安康。"

然而三天以后，赵祯病情反倒恶化，恶寒发热，倦怠呕吐，两腮肿痛坚硬，张口尤为困难。御医们慌了手脚，一个个为其诊治，研讨方剂。

有人说："陛下乃邪与气血相结，当服软坚消肿之剂。"有人说："万岁系湿毒内袭，需用清热解毒之法。"赵祯怒道："养兵千日，用兵一时，全是一群废物。"御医们个个面如土色，浑身抖如筛糠，跌跪在地，连忙说："卑职死罪。"

不久，一张皇榜贴在宫门："凡能治愈皇上之疾者，必有重赏。"京城之内，名医百余，然而"伴君如伴虎"，有谁敢去冒这个风险？一晃三日，京城有个傅姓的游方郎中，看到那张皇榜，心想：京城近日生意清淡，无人问津，衣食无着，这皇帝既是痄腮之病，有何难焉？于是返回住处，取出红豆若干，研成细末，以水调成糊状，美其名曰"万应鲜凝膏"。而后去揭下皇榜，给皇帝敷上，一连三天，居然治好了皇帝的痄腮。

从此以后，傅郎中名闻京城，病人络绎不绝。

芋头

盛世罗锅任宰相，君臣嬉戏习为常。
乾隆有意装不识，荔浦芋头说薯粮。

——《看（戏说乾隆）》
（现代）陈寒石

一、物种本源

拉丁文名称，种属名

芋头为天南星科、芋属多年生宿根性草本植物芋［*Colocasia esculenta* (L.) Schott.］的块茎，芋又称水芋、毛芋、芋艿、青皮叶、接骨草等。

形态特征

芋的块茎常呈卵状，主体之上还带有多个小球茎。叶子为2枚以上，其中叶柄长于叶片，叶片呈卵状，长20～50厘米。我国常见的芋头分为3类：多头芋、大魁芋及多子芋。

习性，生长环境

芋头原产于炎热潮湿的沼泽地带。我国芋头资源极为丰富，自古以来就有栽培，主要分布在珠江、长江及淮河流域，全年均有产出。

芋植株

二、营养及成分

每100克芋头部分营养成分见下表所列。

膳食纤维	1克
钾	378毫克
磷	55毫克
钙	33毫克
维生素C	6毫克
铁	1毫克

此外，芋头中还富含水溶性杂多糖、磷、铁、镁、钠、维生素B、皂角苷等多种营养及功能成分。

三、食材功能

性味 味辛、甘、咸，性平。

归经 归小肠、胃经。

功能

（1）芋头是碱性食品，可以中和胃酸和体内积存的其他酸性物质，平衡人体的酸碱度，还能达到美容乌发的效果。

（2）芋头中含有氟，具有洁齿防龋、保护牙齿的作用。

（3）芋头中黏液皂素及多种微量元素的含量丰富，在缺乏微量元素而导致生理异常的情况下，芋头在一定程度上可以对身体起到恢复的作用，与此同时，还可以增强食欲，帮助消化，达到补中益气的效果。

（4）芋头被人体食用后，黏液蛋白通过食道进入机体，被消化利用后转化为免疫球蛋白，进而提高身体的免疫力。因此，芋头有一定的解毒疗效，能够缓解局部肿痛，防治淋巴结核等病症。

四、烹饪与加工

芋头可以制成芋头丸子，也可以切成薄片后进行油炸，经过调味就可以制成休闲零食。如果采用炖煮的方式，一段时间后不仅芋头本身更加松软，汤底也更加浓厚，此时的芋头由于吸收了其他食材的味道，口感风味更佳。

芋头丸子

芋艿粥

在食用前，通常将芋头装袋后轻摔数次以去皮，然后取芋头与适量粳米进行蒸煮，以作食用，可根据个人喜好选用干芋头或者新鲜的芋头。

固体或半固体产品

芋头作为营养价值高、价格低廉、种植普遍的食材，在深加工领域发展迅速，近年来开发了多种芋头固体或液态产品，通常采用速冻、干制、油炸焙烤、糖渍发酵等方式获得成品，大大提高了芋头的利用率。

研究发现，以芋头为主要原料，加红薯淀粉制作成皮，可以解决芋头水分大、难以成形的难题。使用海藻酸钠溶液对芋头进行预处理，可防止芋头粉丝在深加工过程中断裂。对半固体芋头酱的营养分析表明，芋头酱中蛋白质的含量可达4.9%，并且有17种氨基酸，可以作为营养丰富、味道鲜美的调味品。

液体产品

通过高温酶解等方法克服糖化反应，优化发酵工艺，解决均质过程中遇到的问题，可将芋头制成口感独特、风味尚佳的芋头类饮料，如芋头清汁、浊汁饮料，还有其他类型的发酵产品，包括芋头酒、芋头醋、香芋酸奶、芋头蛋白饮料等。

五、食用注意

（1）芋头在烹调时一定要烹熟，不能生食，否则黏液会刺激咽喉，并产生口舌发麻、肠胃不适等不良反应。

（2）对于过敏性体质、肠胃不适以及糖尿病患者而言，不宜过量食用芋头，特别是食滞胃痛、肠胃湿热者应忌食。

（3）芋头含有较多的淀粉，一次食用过多会导致腹胀。

传说故事

烫嘴的“冰激凌”

关于芋头，民间流传着一个有关林则徐请洋人吃闽南特产“八宝芋泥”的故事。

有一次，林则徐应邀出席一个洋人宴会。席间，洋人端出一种“冒烟”的小菜。林则徐看这小菜“热气腾腾”，以为很烫，便用汤匙舀起，放在嘴边吹吹。结果，引得洋人哄堂大笑，原来这是冰激凌。这件事弄得林则徐十分难堪。

过了几天，林则徐回请那帮洋人。席间上了一道泥状甜点，乌油晶亮，香气扑鼻；无论是形状，还是颜色，看上去都很像冰激凌。洋人对于中国人也会制作“冰激凌”感到好奇，于是用汤匙舀起一大块就往嘴里送，不料却被烫得嘴都秃噜皮了，又怕叫喊丢人现眼，只得暗暗叫苦不迭。

这道点心叫作“八宝芋泥”，其实是将芋头捣碎，加上猪油、白糖、冬瓜霜、红枣、花生和桂花露，搅拌均匀后放在盆内蒸熟制成的。由于蒸熟的芋泥表层蒙着一层猪油，所以里面的蒸汽温度虽然很高，外表却看不出来，因此洋人被烫着了。

在被洋人歧视的晚清年间，林则徐用“八宝芋泥”以牙还牙教训洋人，令人扬眉吐气。

魔芋

传说起源周宁山，全株有毒非笑谈。
栽培观赏已千载，药食两用尽开颜。

——《魔芋》（现代）陈德生

一、物种本源

拉丁文名称，种属名

魔芋（*Amorphophallus konjac* K. Koch），天南星科、魔芋属植物，在我国古名为蒟蒻，又名蒻头、鬼芋、花梗莲、虎掌等。

形态特征

魔芋植株的地下部分由变态缩短的球状肉质块茎及从其上端发出的根状茎、弦状根和须根构成。魔芋块茎呈扁球形，暗红褐色；肉质根，纤维状须根，由于魔芋的根内没有维管形成层和木栓形成层，故不能加粗生长，始终保持一定的大小；叶柄呈黄绿色，光滑；魔芋花为佛焰花，呈深紫色。

习性，生长环境

魔芋花果期在每年的4—9月。花魔芋适宜种植在海拔1700~2300米的地区，白魔芋适宜种植在海拔1500米以下的地区。种植时宜选择周围森林覆盖率高、阳光直射时间短、半阴半阳、空气湿度高的环境，以北坡种植最好。魔芋在我国栽培及食用历史已相当悠久。我国魔芋的适宜种植区主要分布在云贵高原、四川盆周山地等区域。

二、营养及成分

魔芋是对人体有益的碱性食品，营养十分丰富。每100克魔芋部分营养成分见下表所列。

碳水化合物	17.5克
蛋白质	2.2克
脂肪	0.1克
磷	51毫克
钙	19毫克

此外，魔芋还含有大量甘露糖苷、维生素、植物纤维及一定量的黏液蛋白，并含有人体所需的魔芋多糖。魔芋具有低热量、低脂肪和高纤维素的特点。

三、食材功能

性味 味辛、苦，性寒，有毒。

归经 归肺、肝经。

功能

（1）魔芋中含有丰富的植物纤维素，能帮助人体活跃肠道，加快排泄体内有害毒素，预防肠道系统疾病。

（2）魔芋的热量极低，在充分满足人们的饮食快感的同时不会增肥，无须刻意节食，便能达到瘦身的效果。

（3）魔芋含有丰富的葡甘露聚糖，可有效刺激肠壁，保持肠道清爽，有效预防痔疮，在日本有“肠道清道夫”之美誉。

（4）魔芋含有大量可溶性植物纤维，可促进胃肠蠕动，减少有害物质在胃肠、胆囊中的滞留时间，有效地保护胃黏膜，清洁胃壁。

（5）魔芋中具有的天然甘露聚糖被医学界充分证实可降血脂、降血糖、扩张血管、预防动脉硬化等心脑血管系统疾病。

（6）魔芋具有调节或平衡体内盐分之功效。

丝瓜魔芋汤

（1）材料：丝瓜、魔芋、生姜、盐、胡椒粉等。

（2）做法：将丝瓜去皮，洗净，切成薄片状。将魔芋洗净切成块状，生姜切细丝。锅中加水，将切好的姜丝加入锅中。水烧开后，倒入丝瓜和魔芋，约煮15分钟，起锅前加入盐和胡椒粉即可。

凝胶类食品

魔芋胶来源于魔芋的块茎，能溶于水，形成高黏度的假塑性溶液，它经碱处理后形成弹性凝胶，是一种热不可逆凝胶。利用魔芋胶能形成热不可逆凝胶的特性，可制作多种食品，如魔芋糕、魔芋豆腐、魔芋粉丝以及各种仿生食品（如仿生虾仁、仿生腰花、仿生蹄筋、仿生海参、仿生海蜇皮等）。

凝胶类食品

魔芋粉丝

粉丝一般用淀粉含量较高的作物制作，其原料主要包括豆类（如绿豆)、禾谷类（如大米)、薯类（如红薯、马铃薯）等，这些用单一淀粉生产的粉丝通常存在易断、易碎、浑汤等问题。利用魔芋葡甘聚糖的胶凝、增稠、稳定等特性，将魔芋粉与其他淀粉复配则可代替明矾提高粉丝的弹性和韧性。

五、食用注意

（1）魔芋全株有毒，不可生食，需加工后食用，所以在制作魔芋食品的时候一定要充分烹煮。

（2）魔芋含有非常丰富的膳食纤维，进入肠道以后不容易被消化吸收，故胃肠功能不佳、消化不良之人每次不宜食用过多。

（3）皮肤病患者少食魔芋。

（4）魔芋中富含膳食纤维，摄入过多会干扰人体对维生素、矿物质的吸收，所以不能把魔芋当作主食，每日食用魔芋制品50～100克较为合适。

（5）魔芋性寒，有伤寒感冒症状之人少食。

无私的麻婆娘娘

一天麻婆娘娘乘着白鹤，来到白鹤洞山上的老虎垭，只见漫山遍野、横七竖八的倒着不少人，麻婆娘娘细细一瞧，他们都口吐白沫，浑身抽搐，于是把当地土地爷叫来，一询问，才知道是前几天从西天来了一个魔鬼，撒下这些麻舌的黑圆果果。这些果果既不像洋芋，又不像芋头，由于这里三年饥荒，人们饥不择食，所以吃了这些果果。吃了果果的人都因毒性发作而倒下。土地爷说："我探听过，这魔鬼撒下的这些黑坨坨，叫魔芋，又叫鬼芋，必须加一种药，炮制熟透后才能吃。炮制好的魔芋，具有饱肚、养颜、清肠、解毒之功效，但这秘方在魔鬼手里，他不肯拿出来。"麻婆娘娘当即在老虎垭上垒起七星灶，砍来栗木柴，对着西天焚水煮西天魔鬼，烧煮了七七四十九天，终于把魔鬼烧成灶灰，煮成碱水，用碱水来煮魔芋，于是麻味素没有了，也不涩嘴麻舌头了，吃起来美味可口，风味无比。

麻婆娘娘无私地把这种用碱水煮魔芋的秘方奉献给世人。从那时起，魔芋这种绿色食品，养育了中华大地上一代又一代人，后人为纪念麻婆娘娘的功绩，尊称麻婆娘娘为伙夫娘娘、厨师娘娘，给她专门修了一座"伙夫寺"，并在寺前支起高达数百丈的三个巨型石凳子，迎接伙夫娘娘回大地省亲。

红 薯

番薯当米度年华，鼓腹安闲海外家。
义士不须劳指囷，将军何事慨量沙。
笑殊香粳供天府，喜并山芋唤地瓜。
一自岛隅分种后，风流随处咏桃花。

——《薯米》（清）胡健

一、物种本源

拉丁文名称，种属名

红薯是旋花科、虎掌藤属植物番薯［*Ipomoea batatas*（L.）Lamarck］的一种，别称山芋、地瓜等。

形态特征

红薯植株平铺在地面上，整体长度可达2米，呈现侧斜向上生长状，其叶片通常为椭圆形；红薯植株的花冠颜色多样，一般呈现白色、粉色、紫色，形状是钟状或漏斗状；具有纺锤形的地下块根；红薯皮大部分为紫红色，部分为土黄色。

习性，生长环境

红薯的生长周期由于种植季节的不同略有差异，春薯一般为180天，而夏薯所需时间较短，一般115天左右便可收获。根据红薯在田间的生长特点及其与气候条件的关系，生长周期大体分为3个时期，分别为从栽秧到封垄、从封垄到茎叶生长巅峰及从茎叶开始衰退到收获。

红　薯

红薯在全球广泛种植，特别是热带及亚热带地区。在我国的安徽、河北、河南、山东及四川等地均有种植。红薯适合在较为温暖的环境中生长，在适宜范围内，温度越高，发芽越快，特别寒冷会导致其生长速度减慢甚至不能生长。红薯适宜在光照充足的地方生长，若给予足够的光照时间，不仅产量会明显提高，甜度也会增加。而且，作为耐旱耐贫瘠的农作物，红薯只需适时适量浇灌即可，但是含有机质丰富、疏松通气的沙壤土是种植红薯最好的选择。

二、营养及成分

红薯中所含的营养丰富、全面，是一种富含糖类、脂肪、蛋白质、磷、钙、钾、胡萝卜素、维生素A、维生素B_1、维生素B_2、维生素C和氨基酸等的天然食材。每100克红薯主要营养成分见下表所列。

碳水化合物	29.5克
纤维素	1.6克
蛋白质	1.1克
脂肪	0.2克
钾	0.1克
维生素A	0.1克
磷	39毫克
钠	28.5毫克
维生素C	26毫克
钙	23毫克
镁	12毫克
锰	1.4毫克
锌	1.2毫克
胡萝卜素	0.8毫克

维生素B_3	0.6毫克
铁	0.5毫克
维生素B_2	0.4毫克
维生素E	0.3毫克
铜	0.2毫克

三、食材功能

性味 味甘，性平。

归经 归脾、肾经。

功能

（1）红薯能治痢疾、止热泻、去湿热等，其中生红薯块中的乳白色浆液有活血、通便的功效，也可以用来治疗湿疹、抑制肌肉痉挛等症状。

（2）吃红薯既能够通便，防止糖类转化为脂肪贮存起来，达到减脂瘦身的目的，又能降糖、解毒，提高身体的免疫力，还能抑制黑色素的产生，保持肌肤弹性，减缓机体衰老。

（3）红薯中钾、胡萝卜素、维生素C含量较高，可以有效预防心血管疾病。而且红薯富含胶原、黏多糖，可以降低血液中总胆固醇含量，预防动脉硬化、冠心病的发生。

（4）红薯中纤维素的含量高，能加快肠胃的蠕动，利于排便，预防痔疮的发生。纤维素能与部分葡萄糖结合，降低血液中含糖量，降低糖尿病的发病概率。

（5）黏液蛋白是糖蛋白的一种，对身体具有一定的保护作用，可以减缓人体器官的老化，保持消化道、呼吸道、关节腔、膜腔的润滑和血管的弹性。由于红薯富含该物质，因此能够预防动脉硬化，以及肝、肾等器官结缔组织的萎缩，从而提高机体免疫力。

红薯可益气、暖胃、御寒，将其与食醋一同食用，可以消除人体浮肿。将红薯煮熟后，搭配少量黄酒，再喝点红糖姜茶，可以减缓产妇腹痛症状。

随着现代新型食品加工技术的兴起，红薯相关产品加工工艺有了较大的突破，主要有以下几个方面。

变性淀粉

变性淀粉的制取，其原理是改变淀粉中羧基和羰基含量的比例，降低聚合度。基本工艺流程如下：在淀粉中加水调成淀粉乳后，加入适量的次氯酸钠溶液进行反应，一定时间后添加少量亚硫酸钠溶液终止反应，然后对混合物反复清洗，最后干燥得到成品。

红薯酿酒

除谷物外，红薯也是酿酒的主要原料之一。选取红薯作为原料，其淀粉利用率和出酒率会比使用大米或者高粱等谷物高，可以有效降低制酒成本。其制备工艺大致流程：红薯的预处理→红薯蒸熟→红薯泥与酒曲混合→封装发酵→蒸馏→红薯白酒贮存→成品。

红薯粉丝

红薯粉丝是在制得的红薯淀粉的基础上再次加工制得的，其品质的好坏与红薯淀粉的优劣密不可分，通常选择色泽白，无霉变、泥

红薯粉丝

沙、细渣等杂质，且无异味的红薯淀粉作为原料进行粉丝加工。其制备工艺大致流程：配料与打芡→和面→挤压成形→散热与剪切→冷却→搓粉散条→干燥→包装→成品。

五、食用注意

（1）红薯最好搭配其他的谷类食物一起食用，长期只将红薯作为每日食材，会导致人体营养摄入不均衡。例如，可以将红薯切块和大米一起熬粥食用。

（2）一次性食用红薯的量要适中，因为红薯中含有氧化酶，该酶会使人体胃肠中产生大量二氧化碳气体，过量食用，会引发打嗝、胃胀、胃灼热等症状，还会刺激胃酸产生，加快胃收缩频率，导致吐酸水。

（3）不能食用变质的红薯，特别是已经出现黑斑或者已经霉变的红薯，因为变质红薯中会有毒素的存在。即使被煮熟或者烤熟，该毒素依旧不会被破坏，人体食用后会出现发热、恶心、呕吐、腹泻等一系列中毒症状，严重时甚至可能危及生命。

传说故事

“山芋粉条”的传说

相传，天庭里王母娘娘身边的一个仙女化成村姑，偷着下凡来到了风景清幽的双港，一天游历下来，觉得腹中饥饿。

当地一孤儿见状，便在田间用火烤红薯让仙女品尝。红薯冒着热腾腾的香气，吃起来又甜又绵，仙女连连称赞。再抬眼看这个孤儿，长得眉清目秀，还重情义。仙女不觉心中倾慕，顿生爱恋之情。几番秋波暗送，几回郎心相许，便由邻人做媒，二人结为连理。男耕女织，生活清苦，但也甜蜜。

天庭王母娘娘发现仙女私奔，暴跳如雷，立即派遣天兵天将前往双港捉拿仙女，一对夫妻恩爱难舍，以死相逼。王母娘娘现身道：“并非吾意拆散鸳鸯，实乃仙凡有别，就像这田间丑陋的红薯，它终究只能沾满泥土，永远难登大雅之堂，你们还是断了吧。”说罢将仙女押回天庭。

仙女走后，这位种田郎却念念不忘王母娘娘的那句话，整天盯着红薯看。心想：怎样才能让红薯变得干净漂亮呢？他做梦都想着把红薯变得干净漂亮，那样仙女就能回到他的身边了。

有一天，他看见邻居家吃面条，突然有了灵感：麦子可以变得洁白漂亮，为什么红薯就不可以？种田郎一下来了灵感，决定用做面条的方法来“改造”红薯。可是红薯和麦子不一样，要变漂亮谈何容易！但种田郎坚持不懈，终于在失败了无数次后，将红薯做成了粉嫩的“面条”，还晶莹剔透，看起来十分漂亮。种田郎高兴极了，给自己的发明取名为“粉条”。

住在灌河口的二郎神知道了这件事，专门前往天庭，将粉条献上。仙女赶紧煮熟粉条供王母娘娘品尝，那粉条滑润爽口，果然好吃！王母娘娘心里有了几分欢喜，又听那二郎神不停地夸赞种田郎持之以恒、锲而不舍的精神，于是动了恻隐之心，当即准许仙女下凡到人间，与双港种田郎名正言顺地结为夫妇。

后来，小两口更加恩爱，他们将做粉条的手艺传到灌河两岸，大江南北。当然，王母娘娘也不吃亏，夫妻俩每年都请二郎神带些上好的粉条供王母娘娘品尝。老百姓更喜欢称红薯为“山芋”，这双港“山芋粉条”如今早已家喻户晓。

白薯

岂无良田，膴膴平陆。
兽踪交缔，鸟喙谐穆。
惊麏朝射，猛豨夜逐。
芋羹薯糜，以饱耆宿。

——《和陶劝农六首（其三）》
（宋）苏轼

一、物种本源

拉丁文名称，种属名

白薯是旋花科、虎掌藤属植物番薯［*Ipomoea batatas*（L.）Lamarck］，别称甜薯、甘薯等。

形态特征

白薯果实生长于地面以下位置，呈圆形、椭圆形或纺锤形，表皮光滑，皮色发白或发红。肉大多为黄白色。

习性，生长环境

白薯是一种高产、适应性强的粮食作物，与农业生产、食品工业和人民生活息息相关，因此种植极为广泛，热带和亚热带地区是白薯的主要产地。白薯属于短日照作物，较耐旱，但生长需要充足的光照，不适合种植于寒冷的环境，在我国大多数地区均有种植。

二、营养及成分

每100克白薯部分营养成分见下表所列。

蛋白质	23克
无机盐	9克
纤维素	5克
维生素C	300毫克

三、食材功能

性味 味甘，性平。

归经 归肾、脾、大肠经。

功能

（1）白薯叶有止血、降血糖、解毒、防治夜盲症等保健功能，还可以提高免疫力。

（2）白薯中含有多种活性物质，可以延缓衰老，延缓部分黑色素的产生。

（3）白薯可以补虚乏，增力量，健脾胃，强肾阴。

（4）白薯中所含的黏液蛋白能够维持腔体内润滑，使心血管壁不僵化。白薯中该蛋白的含量较多，因此对人体有特殊保护作用，可保持动脉弹性，缓解结缔组织的萎缩，增强人体抵抗力。

（5）食用白薯能够利肠排便，这是白薯中多种维生素和纤维素共同作用的结果，两者相互作用可以加快肠胃的蠕动，促进消化吸收，进而防治便秘、痔疮等。

四、烹饪与加工

煮白薯

煮白薯是最为传统的制作方法，通常选取新鲜的白薯，用清水冲洗干净后，直接加入沸水中煮熟。白薯既可以单独在水里煮，也可以和馒头一起蒸煮。这种传统做法，能尽可能地保持白薯原有的味道和营养。

煮白薯

白薯干

白薯干制作方法分为两种：一种是直接清洗收获的白薯，切片干燥，储存；另一种是清洗收获的白薯，在锅里煮，煮熟后干燥，再进行防潮储存。

白薯粉

将白薯干燥后磨成细粉，然后添加到面包中，可以提高面粉中维生素及矿物质的含量，改善面包的风味，增加面包的营养价值。

五、食用注意

（1）白薯的含糖量比较高，空腹直接食用会在胃里产生大量的胃酸，出现“烧心”的感觉。此外，白薯中存在的氧化酶会在人体肠道中产生气体，导致腹胀、打嗝，对于肠胃功能不好的人来说，影响特别大。

（2）因为白薯富含淀粉，热量高、能量大，所以在食用白薯时要适量减少其他主食的摄入。

（3）生白薯中淀粉未经高温破坏，难以消化，故白薯不宜生吃。

延伸阅读

陈振龙引种甘薯

明朝万历初年春，一艘中国的轮船从菲律宾起航回国。轮船的缆绳上，缠绕着甘薯藤蔓。藤蔓外面涂满了泥巴，以免被统治菲律宾的西班牙人发现。经过七天七夜的航行，轮船终于到达福州。从此，这个原产南美的作物——甘薯，在福建沿海安家落户，这就是我国种植甘薯的起源。这个引种甘薯的人就是陈振龙。他身居国外，但时刻关注着祖国的农业发展。在他回国途中，周密计划，巧妙伪装，躲过了关卡的严格检查，完成了这项引种任务。

回国后，他和儿子陈经伦在福州城外试种甘薯，终获丰收。第二年，当地大旱，粮食歉收，陈振龙的甘薯在救灾中发挥了重大作用。此后，陈氏子孙后代都把毕生精力放在甘薯的推广和栽培上。

陈振龙的后代陈世元不仅派人到各地推广种植甘薯，还总结了陈氏几代的甘薯栽培经验，写出了我国第一部甘薯专著《金薯传习录》。书中对甘薯的起源、栽培、管理、保存、食用、加工等做了详尽论述。陈世元又让他的后代将甘薯传种到河南朱仙镇、北京通州一带。

后人为了纪念陈氏家族引种甘薯的功绩，在福州乌石山上建立了“先薯祠”。

紫薯

清末十年九载荒，庶民野菜充饥肠。
乌兰巴托贡紫薯，安南小域献薯粮。

——《紫薯》流传于清朝末年
民谣

一、物种本源

拉丁文名称，种属名

紫薯是旋花科、虎掌藤属植物番薯［*Ipomoea batatas*（L.）Lamarck］的一种，别称黑薯、苕薯、紫心甘薯和紫肉甘薯等。

形态特征

紫薯果实大多数呈纺锤形或棒状；肉色呈紫色至深紫色；表皮颜色较肉色略浅，光滑。

习性，生长环境

紫薯是短日照作物，需要在光照充足的环境中种植，以土地疏松肥沃、有机质含量较高的沙壤土为宜，肥料中氮、磷、钾的搭配比例合理即可。紫薯在我国培育面积广泛，主要分布在温度适宜的亚热带地区。

二、营养及成分

每100克紫薯部分营养成分见下表所列。

碳水化合物	17.6克
蛋白质	2.3克
膳食纤维	1.2克
磷	121毫克
钾	97毫克
钙	23毫克
钠	2.4毫克
锌	1.5毫克

锰	1.4毫克
铁	1.1毫克
铜	0.2毫克

紫薯还含有丰富的淀粉，氨基酸，维生素B、维生素C等维生素，以及具有药用价值的花青素、糖蛋白、脱氢表雄甾酮等多种功能性因子。

三、食材功能

性味 味甘，性平。

归经 归胃、肝、大肠经。

功能

（1）紫薯中的纤维素能够促进胃肠蠕动，起到利便通肠排毒的作用，降低胃肠道疾病的发病率。

（2）由于紫薯中含有大量的黏液蛋白，因此食用紫薯可以增强免疫力。

（3）可从紫薯的块根和茎叶中提取花青素，其对自由基的清除效果明显，还具有缓解老年痴呆症，改善视力，提高人体免疫力，抗衰老，促进肠道益生菌增殖等作用。

（4）紫薯中的胡萝卜素能降低人体活性氧含量、消除自由基，糖蛋白和多酚类化合物可以提高机体免疫力。

四、烹饪与加工

煮紫薯

紫薯用清水洗净后，煮熟即可食用，也可以切成小块在煮米饭或者煮粥时添加，增加食物的营养成分，改善风味。

煮紫薯

紫薯甜点

紫薯蒸熟以后做成的紫薯泥可以用于制作馅料或者制作紫薯口味的面包、蛋糕、芋圆、奶昔等。

休闲类紫薯产品

用紫薯加工的休闲食品，因食用方便快捷、营养丰富、风味独特，深受人们喜爱，如紫薯丁、紫薯脆片、紫薯果冻、紫薯酸奶等。

紫薯饮料类产品

近年来，紫薯杂粮饮料、紫薯复合乳饮料以及紫薯速溶固体饮料等日渐为消费者所接受。

紫薯面点

紫薯面包、紫薯面条和紫薯馒头是常见的紫薯加工品。以新鲜紫薯为原料，经挑选、清洗、去皮、切块、蒸煮、捣泥之后与小麦面粉混合，便可以制成形状不同的主食类紫薯产品。

紫薯面点

五、食用注意

（1）紫薯含糖量较高，再加上氧化酶的存在，食用过多会使胃肠道气体增多，胃酸分泌增加，不仅会让人有腹胀的感觉，还会出现胃灼热等不良反应。

（2）胃溃疡、胃酸过多、消化不良等患者不宜食用紫薯，会加重病情。

（3）紫薯是根茎类粮食，生长于泥土之中，外皮脏污且容易受到黑斑病菌的污染，因此紫薯不宜带皮食用，否则可能会引起食物中毒。

（4）紫薯中淀粉含量高，生食难以消化，一定要煮熟食用。

紫薯精修仙

相传很久以前，在安远的深山中有一棵紫薯，这棵紫薯已经修炼了几千年，成了紫薯精。但是紫薯精在接下来的修炼中，发现自己很难再进一步，无法位列仙班，这令她很苦恼。

有一天，她正在深山洞府中修炼，突然听到一阵喧哗声。这喧哗声越来越嘈杂，无法让她集中精神修炼。紫薯精不禁恼火：谁在扰我清修？待我看个究竟。

于是她往嘈杂处探视，是一大群逃难的村民。原来，村里来了一伙土匪，杀人抢劫，无恶不作。村民们不得不逃离村庄，来到这深山中避难。紫薯精明白原委后，不再生气，继续在山中修炼。

可是过了些日子，又传来村民们的悲泣声。原来村民们带来的干粮时间一久便吃完了，没了食物，一些村民开始生病，身体虚弱的甚至饿死了。紫薯精看到他们这么悲惨，于心不忍。善良的紫薯精化身为一位村姑，将自己发须变成的小紫薯送给村民，教他们煮紫薯吃。天天煮紫薯，有些村民吃腻了，便将紫薯磨成浆状，加入一些野果野菜，做成紫薯饼，口味更佳。

由于紫薯有药用价值，村民吃了以后渐渐强壮起来。大家都很感激这位村姑。紫薯精非常感动，但她却高兴不起来：村民们长住在这深山中也不是办法，得帮助他们回到村里。于是她心生一计，便和村民们商定依计行事。

这天傍晚，紫薯精身穿一袭紫红色拖地长裙，婀娜多姿，美艳绝伦，假装路过村庄。土匪头子一看，来了这么一位绝色佳人，就要抢来做压寨夫人。紫薯精假装害怕，哭着应允。但要求办个婚礼，也算名正言顺。土匪头子大喜过望，急忙吩咐其他人备好酒席。

当晚，土匪们聚在一起恭贺头领娶得如花美眷，列席痛饮。席间，紫薯精频频劝酒，一干土匪喝得酩酊大醉，不省人事。待到夜深人静时，村民们拿着锄头、镰刀等武器冲了进来，轻而易举地就把土匪们解决了。当他们想向紫薯精道谢时，紫薯精早已离去。

紫薯精也因此善举功德圆满，终于位列仙班，修成正果。

木薯

天蓬元帅嘴太馋，偷食癞鼋道行餐。
慌埋所剩生木薯，留为人间作笑谈。

——《戏话木薯》（现代）陈德生

一、物种本源

拉丁文名称，种属名

木薯（*Manihot esculenta* Crantz）是大戟科、木薯属植物，别称树葛等。

形态特征

木薯为直立灌木，高1.5~3米，块根为圆柱状。叶为纸质，轮廓为近圆形，长10~20厘米，掌状深裂直达基部，裂片为3~7片，呈倒披针形至狭椭圆形，长8~18厘米，宽1.5~4厘米；叶柄长8~22厘米，稍盾状着生，具不明显细棱。

习性，生长环境

木薯是重要的薯类作物之一，在非洲、美洲和亚洲等地区广泛

木薯植株

栽培。木薯具有耐旱、抗贫瘠、容易栽培、产量高和四季均可收获等特点。我国广西、广东及海南等地均有栽培。

二、营养及成分

木薯含有丰富的淀粉，有着“淀粉之王”的美誉。每100克木薯主要营养成分见下表所列。

碳水化合物	80.5克
蛋白质	4.7克
纤维素	2克
膳食纤维	1.8克
脂肪	0.8克
钾	353毫克
磷	115毫克
钙	112毫克
镁	102毫克
钠	26.4毫克
维生素C	9毫克
铁	3.7毫克
锰	1.1毫克
维生素B_3	1.1毫克
铜	0.5毫克
维生素E	0.4毫克
锌	0.4毫克
维生素B_1	0.2毫克
维生素B_2	0.1毫克

三、食材功能

性味 味苦，性寒。

归经 归心经。

功能

（1）保护血管。木薯中含有钾元素，钾元素对于维持血压稳定具有重要的作用。

（2）促进智力发育。木薯中的锌元素与人类大脑智力发育有着密切的联系。

（3）预防便秘。木薯中的膳食纤维可以促进肠胃蠕动，减少粪便以及毒素在体内的积累，对预防便秘等有很好的作用。

（4）补充能量。木薯中淀粉含量较高，淀粉经过分解可以为人体提供碳水化合物，补充能量。

四、烹饪与加工

木薯羹

新鲜的木薯用清水洗净后去皮，随后切成小块，放置于高压锅中，加入与木薯体积相同的清水，辅以适量冰糖或者蜂蜜，煮熟即可食用。

木薯汁

选取新鲜、无霉变的木薯，用清水洗净，去皮处理后切碎；控制木薯和清水的体积比为1：2，加入榨汁机中工作3分钟；静置数分钟后取上清液，与蜂蜜、柠檬酸进行混合调配可得到木薯汁。

木薯食用酒

将木薯研磨成细粉，设置水温为70℃左右，控制木薯粉和清水的体积比为1∶4，调制成匀浆并且加热使木薯粉糊化，1个小时后迅速降温冷却。随后，加酶催化反应半个小时，投放质量分数为0.1%的活性干酵母和质量分数为0.5%的硫酸铵，然后发酵3天，在此过程中，前期温度设置为30℃，发酵12个小时后控制温度在35℃，最后蒸馏，便能制得成品。

木薯淀粉糖

以木薯淀粉为原料，通过酸处理或者酶解反应，可得到葡萄糖、果糖、麦芽糖或者几种糖类的混合物。

五、食用注意

应该挑选表面光滑、无烂无霉的新鲜木薯食用，不要食用表皮发黑、有褐色斑点的木薯。

传说故事

猪八戒偷吃“道行馒”

相传，木薯的来历与猪八戒有关。

癞鼋在通天河修炼四千多年终成正果，经玉皇大帝恩准，将修炼的道行正果归宿到四个馒头中，唤作“道行馒”，每吃下一个，可在凡间坐享一百年江山。但附加一个条件：唐僧师徒西天取经，必渡通天河。摆渡之事，由癞鼋承担，癞鼋应允。

这一日，唐僧师徒到达通天河准备西渡。于是癞鼋脱去外衣让猪八戒拿着，自己现出原形，让唐僧师徒站其背上渡通天河。当猪八戒摸到癞鼋袖袋中有馒头时，便一口气偷吃了三个，第四个馒头刚咬了一小口，大伙已达通天河西岸。八戒不好再吃，便将咬了一小口的馒头拢在自己袖内。八戒怕癞鼋看见自己袖中的馒头，便佯装去方便，用钉耙在通天山三杈树下掘洞，将馒头埋了起来。

癞鼋接过外衣，一摸袖袋，馒头一个也不见了。癞鼋大惊，屈指一算，不好，馒头都叫猪八戒吃掉了！便仰头朝天对着玉皇大帝叹道：“我辛辛苦苦修炼四千多年，换来到手的凡间四百年江山，被猪八戒吞食三百多年。如今只剩下八十余年了，真是天意啊!”

唐僧师徒取经完毕，重返东土大唐。再经通天河时，癞鼋仍守信用，等着送唐僧师徒过河。可到了河心，癞鼋抽身沉没，唐僧师徒翻身落水，全部经卷湿透，这是癞鼋对猪八戒偷食他“道行馒”的报复。

从此，被猪八戒咬过一小口的“道行馒”埋在通天山三杈树下，经过发芽、长叶、生块根，成为百姓度饥荒之年的木薯。

菊芋

山峦叠嶂千岗翠，终南山旁听惊雷。
花开花落不结子，植根泥中长菊芋。
——《菊芋》（现代）陈德生

一、物种本源

拉丁文名称，种属名

菊芋（*Helianthus tuberosus* L.）是菊科、向日葵属多年宿根性草本植物，别称五星草、洋姜、葵花芋等。

形态特征

菊芋整体植株最高可达3米，存在地下茎及纤维状根。可食部分一般为块茎，呈纺锤形或不规则瘤形，皮有红色、白色和黄色，质地脆嫩。茎直立，有分枝，一般被白色的短糙毛。叶片通常对生，花期长达3个季度，头状花序较大，舌片为黄色，长椭圆形，管状花冠为黄色。

菊芋植株

习性，生长环境

菊芋是一种再生性极强的农作物，一次种植可永续繁衍（条件适宜时），被称作“21世纪人畜共用作物”。它原产于北美洲，17世纪传入欧洲，后传入中国，发展到今天，分布广泛，适合多种气候，耐寒、耐旱，即使在盐碱地上也能生长良好。

二、营养及成分

菊芋块茎中微量元素种类丰富，而且氨基酸、维生素含量较高，还含有丰富的菊糖、戊聚糖和淀粉等糖类物质。每100克菊芋部分营养成分见下表所列。

碳水化合物	11.5克
粗纤维	4.3克
蛋白质	2.4克
磷	27毫克
钙	23毫克
铁	7.2毫克
维生素B_3	1.4毫克
维生素B_2	0.1毫克
维生素B_1	0.1毫克

三、食材功能

性味　味甘，性凉，无毒。

归经　归肝、膀胱经。

功能

（1）菊芋块茎可以为人体内双歧杆菌的增殖提供良好的物质基础，从而有效改善脂质代谢。菊芋块茎还可以很好地提高人体的免疫功能，起到排毒养颜的功效，对减肥瘦身也有好处。

（2）科学研究表明，菊芋块茎对血糖具有双向调节作用，对维持体内的血糖平衡、促进糖分分解作用尤其明显。这是由于菊芋块茎中含有一种物质，这种物质的结构与人类胰腺内产生胰岛素的结构非常相近。

（3）菊芋块茎具有一定的药用价值，可以祛除湿气，清热消肿，常用于治疗肠热出血等症。它被碾碎后外敷至伤口，可以消除肿毒。

四、烹饪与加工

菊芋汤

将菊芋块茎用清水洗净后切片，然后加水煮，再加盐等即成菊芋汤。

菊芋汁

直接将洗净的菊芋块茎研磨捣碎，取其汁液，搭配适量蜂蜜口服。

菊芋粉

新鲜的菊芋块茎中有丰富的菊糖，占比高达20%。约占干重的70%，其中80%是低聚果糖。富含低聚果糖的菊芋粉是一种重要的功能性食品，常采用酶水解菊芋块茎法进行制备。菊芋粉富含水溶性膳食纤维，具有生物活性前体的生理功能，被广泛应用于制作乳制品、糖果、饼干等，特别是保健食品和老年食品；同时，也是生产高纯度果糖的原料之一，制作工艺简单、转化率高。

菊芋粉

五、食用注意

菊芋属于高热量食材，一次性食用过量很容易上火，因此要注意适量食用。

传说故事

葵花籽和葵花芋

相传，葵花籽和葵花芋起初生活在终南山，是葵花老祖的两个同父异母的玄孙。葵花籽系前娘所养，葵化芋为后娘所生。

葵花籽和葵花芋本是一方神圣，后来却因为在说经台救苦殿得罪了文始真人尹喜，被贬到中原大地，成为两种能供人类享用的植物。葵花籽心胸坦荡，慷慨大方。葵花芋却一毛不拔，小气十足。

被贬入下界之后，葵花籽心态平正。他一身正气，向阳而生，结籽众多，既能供人们休闲时食用，亦可供人们榨油食用。而葵花芋就不一样了，在凡间抱怨连连，不愿出门。他小气十足，光开花不肯结籽，即便结了几个块茎，也要深埋地下不肯示人，必须锄刨锹挖才可见其庐山真面目。

参考文献

[1] 陈寿宏. 中华食材：上册 [M]. 合肥：合肥工业大学出版社，2016：1-40.

[2] 马先红，许海侠，韩昕纯. 黑米的营养保健价值及研究进展 [J]. 食品工业，2018，39（3）：264-267.

[3] 杨曦，孙汉巨，涂李军，等. 黑米花青素酶法提取工艺优化及颜色稳定性测定 [J]. 食品与营养科学，2019，8（2）：115-127.

[4] 王立，朱播，王发文，等. 红米的健康作用及综合利用 [J]. 食品与机械，2019，35（9）：226-232.

[5] 郭晓宇，胡宇恒，古丽斯坦·阿不来提，等. 红米中花色苷的提取工艺及其体外降糖活性研究 [J]. 新疆医科大学学报，2019，42（11）：1464-1468.

[6] 李育霖. 谷糠安神显奇效 [J]. 东方食疗与保健，2010（4）：48.

[7] 吕飞，许宙，程云辉. 米糠蛋白提取及其应用研究进展 [J]. 食品与机械，2014，30（3）：234-238.

[8] 赵军红，翟成凯. 中国菰米及其营养保健价值 [J]. 扬州大学烹饪学报，2013，30（1）：34-38.

[9] 王惠梅，谢小燕，苏晓娜，等. 中国菰资源研究现状及应用前景 [J]. 植物遗传资源学报，2018，19（2）：279-288.

[10] 任嘉嘉，相海，王强，等. 大麦食品加工及功能特性研究进展 [J]. 粮油

加工，2009（4）：99-102.

［11］ 曹文，叶晓汀，谢静，等. 大麦营养品质及加工研究进展［J］. 粮油食品科技，2016，24（2）：55-59.

［12］ 任又成. 青海特色作物裸大麦（青稞）的开发及利用［J］. 青海大学学报（自然科学版），2015，33（4）：89-94.

［13］ 元秀. 王怀隐与浮小麦［J］. 现代养生，2017（5）：23-24.

［14］ 王军，王忠合. 小麦麦麸对戚风蛋糕感官及营养特性的影响［J］. 食品科技，2014，39（3）：106-111.

［15］ 张曼，张美莉，郭军. 中国燕麦加工现状及产业发展趋势［J］. 农产品加工（学刊），2014（8）：49-51.

［16］ 傅航，王婷婷. 燕麦食品加工及功能特性研究进展［J］. 黑龙江科技信息，2017（14）：73.

［17］ 莎娜. 莜麦面包配方及加工工艺研究［J］. 广东农业科学，2011，38（20）：87-88，99.

［18］ 高雅鑫，郑旭，王颖，等. 风味速食莜麦面工业化生产研究［J］. 中国农学通报，2017，33（22）：153-157.

［19］ 苏占明，李海，皇甫红芳. 黍稷的营养成分与保健功效及种植建议［J］. 种业导刊，2020（4）：31-34.

［20］ 董泽宏. 饮食精粹新编. 卷二，夏篇［M］. 北京：中国协和医科大学出版社，2019.

［21］ 刘德好. 中国主要稻区稗属植物分类与多样性研究［D］. 上海：上海师范大学，2014.

［22］ 张成才. 稗子的栽培与利用技术［J］. 养殖与饲料，2017（1）：60-61.

［23］ 陈相艳. 我国小米加工产业现状及发展趋势［J］. 农产品加工（学刊），2011（7）：131-133.

［24］ 崔海燕. 常食小米利健康［J］. 家庭医学（下），2019（11）：42.

［25］ 郭敏，保玉心，黄永光，等. 不同高粱品种酿造酱香型白酒发酵特性的研究［J］. 中国酿造，2018，37（1）：102-107.

［26］ 寇兴凯，徐同成，宋爱珍，等. 高粱营养及其制品研究进展［J］. 粮食与饲料工业，2015（12）：45-48.

［27］吴岩，原永芳．薏苡仁的化学成分和药理活性研究进展［J］．华西药学杂志，2010，25（1）：111-113．

［28］刘想，刘振春，杨桦，等．薏苡仁的药食价值及开发利用［J］．农产品加工，2016（18）：57-58，61．

［29］李雪云，牛杰．藜麦种植技术［J］．特种经济动植物，2018，21（6）：33．

［30］王黎明，马宁，李颂，等．藜麦的营养价值及其应用前景［J］．食品工业科技，2014，35（1）：381-384，389．

［31］阎红．荞麦的应用研究及展望［J］．食品工业科技，2011，32（1）：363-365．

［32］贾冬英，姚开，张海均．苦荞麦的营养与功能成分研究进展［J］．粮食与饲料工业，2012（5）：25-27．

［33］秦培友．我国主要荞麦品种资源品质评价及加工处理对荞麦成分和活性的影响［D］．北京：中国农业科学院，2012．

［34］林兵，胡长玲，黄芳，等．苦荞麦的化学成分和药理活性研究进展［J］．现代药物与临床，2011，26（1）：29-32．

［35］李文斌．黑豆营养保健功能的研究与产品开发［J］．食品工程，2010（4）：19-20，27．

［36］魏俊青，肖春玲，陆楠，等．酶解法提取黑豆多糖的研究［J］．陕西农业科学，2013，59（1）：6-10．

［37］钱桐荪，徐学康，崔俊，等．黄豆在医疗保健膳食中的效用［J］．中国中西医结合肾病杂志，2010，11（8）：659-662．

［38］赵丽娟．东北黄豆和黑豆脂肪酸成分的比较研究［J］．食品科技，2013，38（2）：155-158．

［39］孟令洁，任璐，张锋华，等．红豆乳饮料的研制［J］．食品工业，2011，32（6）：73-75．

［40］赵翾，李红良，陈玩．红豆糯米酒的酿造工艺研究［J］．安徽农业科学，2010，38（30）：17179-17183．

［41］韩笑，张东旭，王磊，等．芋头的营养成分及加工利用研究进展［J］．中国果菜，2018，38（3）：9-13．

［42］郑艺欣，林埔，孔祥佳，等．芋头深加工技术的研究与开发［J］．中国食

品工业，2016（10）：60-65.

［43］ 付忠，谢世清，徐文果，等. 不同光照强度下谢君魔芋的光合作用及能量分配特征［J］. 应用生态学报，2016，27（4）：1177-1188.

［44］ 赵培城，张晶晶，周绪霞，等. 魔芋葡甘露聚糖及其衍生物在食品工业中的应用［J］. 核农学报，2015，29（1）：101-105.

［45］ 孟凡冰，刘达玉，李云成，等. 魔芋葡甘聚糖的结构、性质及其改性研究进展［J］. 食品工业科技，2016，37（22）：394-400.

［46］ 李小婷，闫淑琴，刘碧婷，等. 无矾红薯粉丝品质改进［J］. 食品科技，2011，36（4）：122-126，130.

［47］ 伍军. 红薯营养保健价值及综合利用［J］. 粮食与油脂，2014（1）：18-19.

［48］ 马代夫，李强，曹清河，等. 中国甘薯产业及产业技术的发展与展望［J］. 江苏农业学报，2012，28（5）：969-973.

［49］ 江阳，孙成均. 甘薯的营养成分及其保健功效研究进展［J］. 中国农业科技导报，2010，12（4）：56-61.

［50］ 史光辉，胡志和，马科铭，等. 紫薯花青素提取条件优化及淀粉等产物的制备［J］. 食品科学，2014，35（22）：39-45.

［51］ ZHANG P，ZHANG M，HE S，et al. Extraction and probiotic properties of new anthocyanins from purple sweet potato（Solanum tuberosum）［J］. Current Topics in Nutraceutical Research，2016，14（2）：153-160.

［52］ 钟永恒，陆柏益，李开绵. 木薯质量安全、营养品质与加工利用新进展［J］. 中国食品学报，2019，19（6）：284-292.

［53］ 严华兵，叶剑秋，李开绵. 中国木薯育种研究进展［J］. 中国农学通报，2015，31（15）：63-70.

［54］ 寇一翻，吕世奇，刘建全，等. 寡糖类能源植物菊芋及其综合利用研究进展［J］. 生命科学，2014，26（5）：451-457.

［55］ 王琳，高凯，高阳，等. 断根半径及时间对菊芋根系生物量及形态学特征的影响［J］. 草地学报，2018，26（3）：652-658.